剪映

电影与视频调色技法

从入门到精通

龙 飞 编著

清华大学出版社
北　京

内 容 简 介

本书根据27万学员喜欢的调色技巧，将线下课程提炼为12章精华内容，通过60多个热门案例进行讲解，帮助读者从入门到精通剪映的调色技法。书中包含两条线：一条为技术线，主要讲解了剪映调色的核心技术，如对画面整体色彩进行一级校色，对局部重点部分进行二级调色，使用色卡、蒙版和关键帧进行调色，以及自建调色预设、借用LUT调色；另一条为案例线，介绍了风光视频调色、建筑视频调色、人像视频调色、网红视频调色、Vlog视频调色，以及电影风格调色的具体操作方法。

本书适合视频制作相关工作人员，如视频调色人员、电影调色人员、影视制作人员等阅读，也可作为高等院校影视调色相关专业的辅导教材。

图书在版编目 (CIP) 数据

剪映电影与视频调色技法从入门到精通 / 龙飞编著 . —北京：清华大学出版社，2022.10
ISBN 978-7-302-60683-3

Ⅰ. ①剪… Ⅱ. ①龙… Ⅲ. ①图像处理软件 Ⅳ. ① TP391.413

中国版本图书馆 CIP 数据核字 (2022) 第 069384 号

责任编辑：李　磊
封面设计：杨　曦
版式设计：孔祥峰
责任校对：马遥遥
责任印制：杨　艳

出版发行：清华大学出版社
　　　网　　　址：http://www.tup.com.cn，http://www.wqbook.com
　　　地　　　址：北京清华大学学研大厦A座　　　　　邮　　编：100084
　　　社　总　机：010-83470000　　　　　　　　　　邮　　购：010-62786544
　　　投稿与读者服务：010-62776969，c-service@tup.tsinghua.edu.cn
　　　质　量　反　馈：010-62772015，zhiliang@tup.tsinghua.edu.cn

印　装　者：三河市铭诚印务有限公司

经　　　销：全国新华书店

开　　　本：185mm×260mm　　印　　张：15.25　　字　　数：371千字

版　　　次：2022年10月第1版　　印　　次：2022年10月第1次印刷

定　　　价：99.00元

产品编号：095381-01

序 言

PREFACE

剪映 的背景

抖音刚上市时，没有人会想到这款App竟然会在短短几年发展成享誉世界的行业翘楚，而由抖音官方推出的手机视频编辑工具剪映App也逐渐成为8亿用户首选的短视频后期处理工具。如今，剪映在安卓、苹果、电脑端的总下载量超过30亿次，不仅是手机端短视频剪辑领域的强者，而且得到越来越多的电脑端用户的青睐。

那么，剪映下一步的发展趋势是什么呢？

答案是商业化的应用。以前，使用Premiere和After Effects等大型图形视频处理软件制作电影效果与商业广告需要花费几个小时，而使用剪映只需花费几分钟或几十分钟就能达到同样的效果。速度快、质量好的特点，使剪映有望在未来成为商业作品的重要剪辑工具之一。

剪映 的优势

根据众多用户多年的使用经验，总结出剪映的三大优势：

一是配置要求低。与很多视频处理软件对电脑的配置要求非常高不同，剪映对操作系统、内存等的要求非常低，使用普通的电脑、平板电脑和手机等就能实现视频的剪辑操作。

二是容易上手。多数视频编辑软件的菜单、命令既多又复杂，对用户的专业性要求较高；而剪映是扁平界面模式，核心功能一目了然，用户能够轻松地掌握各项功能。

三是功能强大。使用剪映，可在几分钟内制作出精彩的影视特效、商业广告，在剪辑的方便性、快捷性、功能性方面，剪映都优于其他视频处理软件。

剪映 的用户

剪映手机版，已成为短视频剪辑软件中的佼佼者，而根据笔者的亲身经历和对周围人群的调研，剪映电脑版未来也很可能会成为电脑端视频剪辑的重要工具。越来越多的用户选择使用剪映，主要原因有以下三个：

一是剪映背靠抖音8亿短视频用户，使用剪映可以简单、高效地制作抖音视频。

二是专业的视频后期人员也开始使用剪映电脑端，因为剪映在制作片头、片尾、字幕、音频时更为方便、简单和高效。

三是剪映功能强大、简单易学的特点，吸引了很多刚刚开始学习和使用视频处理软件的新用户。

剪映 的应用

在抖音上搜索"影视剪辑"，可找到各类关于影视剪辑的话题，总播放量达2350亿次。其中，"影视剪辑"的播放量为1559.4亿次、"电影剪辑"的播放量为628.9亿次、"原创影视剪辑"的播放量为30.2亿次。

在抖音上搜索"特效制作"，可找到各类特效制作话题，总播放量达58亿次。其中，"影视特效"的播放量为30亿次、"特效制作"的播放量为5.6亿次、"手机特效制作"的播放量为6.9亿次。

在抖音上搜索"调色"，相关话题的总播放量也达30亿次。其中，"滤镜调色"的播放量为25.9亿次、"调色调色"的播放量为16.7亿次、"手机调色"的播放量为2.6亿次、"调色师"的播放量为1.5亿次。

从以上数据可以看出，影视剪辑、特效制作、视频调色，都是非常受用户欢迎的热点内容，存在非常旺盛的需求，市场前景广阔。

剪映 系列图书

基于以上剪映的背景、优势、用户和应用，笔者策划了本系列图书，旨在帮助对视频后期制作感兴趣的人员学习。本系列图书共三本：

- 《剪映电影与视频调色技法从入门到精通》
- 《剪映影视栏目与商业广告从入门到精通》
- 《剪映影视剪辑与特效制作从入门到精通》

本系列书具有如下三个特色。

第一，视频教学！赠送教学视频，读者扫描书中二维码可以查看制作过程。

第二，热门案例！精选抖音爆火案例，手把手教你制作方法。

第三，素材丰富！为提高读者学习效率，书中提供了案例的素材文件以供演练。

本书内容

本书主要内容为剪映的电影与视频调色技法，全书共分为12章，具体内容如下。

第1章：带领读者快速入门，熟悉剪映软件中的基础调色功能。

第2章：介绍剪映调色功能分区，如调色滤镜界面、色彩调节界面，以及其他辅助界面。

第3章：介绍运用色卡功能调色，并通过案例来讲解具体的调色方法。

第4章：介绍运用蒙版与关键帧功能调色，并通过案例进行实战讲解。

第5章和第6章：介绍如何自建调色预设和借用LUT进行图片调色。

第7章至第10章：为视频调色实战案例，介绍了风光视频调色、建筑视频调色、人像视频调色和网红视频调色。

第11章和第12章：介绍Vlog视频调色和电影风格调色，帮助用户全面提升视频调色技能。

此外，为方便读者学习，本书提供了丰富的配套资源。读者可扫描右侧二维码获取全书的素材文件、案例效果和教学视频；也可直接扫描书中二维码，观看案例效果和教学视频，随时随地学习和演练，让学习更加轻松。

配套资源

温馨提示

笔者基于当前各平台和软件截取的实时操作界面的图片编写本书，但图书从编辑到出版需要一段时间，在这段时间里，软件界面与功能会有一些调整和变化，比如删除或增加了某些内容，这是软件开发商做的更新。阅读时，读者可根据书中介绍的思路，举一反三，进行学习即可。

本书及附赠的资源文件中引用的图片、模板、音频及视频等素材仅为说明(教学)之用，绝无侵权之意，特此声明。也请大家尊重本书编写团队拍摄的素材，不要用于其他商业活动。

售后服务

本书主要内容为短视频后期制作，如果读者想学习短视频的前期拍摄方法，可以关注笔者的公众号"手机摄影构图大全"，学习公众号中分享的300多个拍摄技巧。

参与本书编写的人员有邓陆英，提供视频素材和拍摄帮助的人员有向小红、苏苏、巧慧、燕羽、徐必文、黄建波、罗健飞，以及王甜康等，在此表示感谢。

由于笔者水平有限，书中难免有疏漏之处，恳请广大读者批评、指正。

龙 飞

2022年3月

目 录
CONTENTS

第3章 色卡调色   028

第4章 蒙版与关键帧调色   039

第5章 自建调色预设   054

第12章　电影风格调色 　　　212

知识导读

在影视视频中，色彩往往起着抒发情感的作用，但是在实际的拍摄和采集素材的过程中，常会遇到一些很难控制的环境光，使拍摄出来的画面色感欠缺、层次不明，需后期进行调整。本章将详细介绍视频调色的基础知识，帮助读者快速入门！

1 CHAPTER

第1章

视频调色快速入门

本章重点索引

- 认识色彩：色彩的基本要素
- 一级校色：初步调整画面色彩
- 二级调色：对局部和主体重点调色

效果欣赏

1.1 认识色彩：色彩的基本要素

人类看到的世界是五彩斑斓的，这是因为色彩的存在。色彩具备三大基本特征，即色相、明度、纯度，我们可以根据这三大要素对颜色进行体系化归类。

1.1.1 色相

苹果是红色的、柠檬是黄色的、天空是蓝色的，人们在形容不同色彩的时候，时常以"色相"来表达，如图1-1所示。色相是色彩的最大特征，用色相这一术语，可将色彩区分为红色、黄色或蓝色等类别。

色相条

色相渐变条

图1-1 色相

所谓色相，是指不同波长的色光被感觉的结果，它能够比较确切地表示某种颜色的名称，也是各种颜色直接的区别。

色相是由色彩的波长决定的，以红、橙、黄、绿、青、蓝、紫来代表不同特性的色彩相貌，构成了色彩体系中的基本色相。色相一般由纯色表示，分为纯色块表现形式和色相间的渐变过渡形式。

色相是互相关联的，红色和黄色混合可以得到橙色，黄色和绿色混合可以得到黄绿色或青豆色，而绿色和蓝色混合则会产生蓝绿色。我们把这些色相排列成圈，这个圈就是"色环"，如图1-2所示。

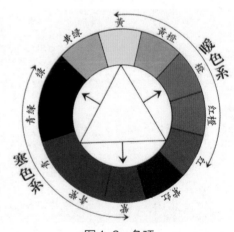

图1-2 色环

专家指点

在色环中，红色、绿色和蓝色是三原色，三原色以不同的比例相加能重现不同的颜色。相邻色指的是色环上颜色相邻，互补色指的是色环中间隔180°的颜色。

1.1.2 明度

有些颜色会显得明亮，而有些却显得灰暗，即颜色的明度不同。明度是色彩分类的一个重要属性，如将柠檬的黄色与红酒的红色相比，柠檬的黄色更明亮，而将柠檬的黄色与类似的葡萄柚的黄色相比，柠檬也会显得更明亮一些。可见，明度能够用于对比色相不同的色彩，如图1-3所示。

明度高   明度低

图1-3 明度高低对比

明度是眼睛对光源和物体表面的明暗程度的感觉，主要是由光线强弱决定的一种视觉经验。简单来说，明度可以被理解为是颜色的亮度，不同的颜色具有不同的明度。任何色彩都存在明暗变化，其中黄色明度最高，紫色明度最低，绿、红、蓝、橙的明度相近，为中间明度。另外，在同一色相的明度中还存在深浅的变化，如绿色中由浅到深有粉绿、淡绿、翠绿等明度变化。

1.1.3 纯度

纯度用于说明色彩的名称，是指色彩的鲜艳程度，也称为色彩的饱和度、彩度、含灰度等，它是灰暗与鲜艳的对照，即同一种色相是相对鲜艳或灰暗的。纯度取决于该色彩中含色成分和消色成分的比例，其中灰色含量越少，饱和度值越大，图像的颜色越鲜艳，如图1-4所示。

图1-4 纯度高低对比

色相相同的颜色进行比较时，很难解释这两种颜色的不同，而纯度这一概念则可以很好地解释为什么我们看到的颜色如此不同。

在各种颜色中，有彩色的都具有彩度值，无彩色的彩度值为0，彩度由于色相的不同而有所差异，而且即使是相同的色相，因为明度的不同，彩度也会随之变化。

色彩的纯度强弱，是指色相感觉明确或含糊、鲜艳或混浊的程度，如图1-5所示。高纯度色相加白或黑，可以提高或减弱其明度，但都会降低它们的纯度；如加入中性灰色，也会降低色相纯度。

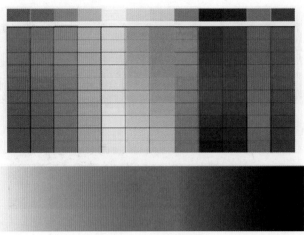

图1-5 色彩纯度表

纯度用来表现色彩的鲜艳和深浅，色彩的纯度变化可以产生丰富的、强弱不同的色相，而且使色彩产生韵味与美感。

同一色相的色彩，没有掺杂白色或者黑色，则被称为纯色。在纯色中加入不同明度的无彩色，会出现不同的纯度。以红色为例，向纯红色中加入一点白色，纯度下降而明度上升，变为淡红色，继续加入白色，颜色会越来越淡，纯度下降，而明度持续上升；向纯红色中加入一点黑色，纯度和明度都会下降，变为深红色，继续加入黑色，颜色会越来越暗，纯度和明度都会持续下降。

1.2 一级校色：初步调整画面色彩

一级校色是视频调色的基础，即通过色彩矫正，控制整体的色调，从而展现视频画面的情感氛围。本节主要为读者介绍在剪映中对视频画面进行色彩校正的方法。

在对素材图像进行一级调色前，需进行一个简单勘测，比如图像是否有过度曝光、灯光是否太暗、是否偏色、饱和度浓度如何、是否存在色差、色调是否统一等。用户可针对这些问题，对素材图像进行曝光、对比度、色温等校色调整。

1.2.1 调整视频的亮度

【效果说明】：当素材过暗时，用户可以通过调节"亮度"参数，来提升素材的亮度，让画面变得明亮。调整亮度的原图与效果对比，如图1-6所示。

案例效果　　教学视频

图1-6　调整亮度的原图与效果对比

STEP 01 进入视频剪辑界面，在"媒体"功能区中单击"导入素材"按钮，如图1-7所示。

STEP 02 在弹出的"请选择媒体资源"对话框中，❶选择要调整的视频素材；❷单击"打开"按钮，如图1-8所示。

图1-7　单击"导入素材"按钮　　　　　　图1-8　选择并打开视频素材

STEP 03 将视频素材导入"本地"选项卡中，单击视频素材右下角的⊕按钮，如图1-9所示。

STEP 04 执行操作后，即可将视频素材导入视频轨道中，如图1-10所示。

 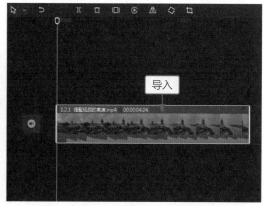

图1-9　单击导入按钮　　　　　　图1-10　将视频素材导入视频轨道

STEP 05 在预览窗口中预览画面，可以看到视频整体画面的亮度偏暗。单击"调节"按钮，进入"基础"调节面板，如图1-11所示。

STEP 06 向右拖曳"亮度"滑块，设置参数为35，提高画面曝光度，如图1-12所示。执行操作后，视频画面将变得明亮。

图1-11 单击"调节"按钮

图1-12 拖曳"亮度"滑块

1.2.2 调整视频的对比度

【效果说明】：当视频画面的对比度过低时，就会出现图像不清晰和画面色彩暗淡的情况，这时用户可以通过调节"对比度"参数来提高画面的清晰度，突出明暗反差，让色彩更完整，从而突出画面细节。调整对比度的原图与效果对比，如图1-13所示。

案例效果　　　教学视频

图1-13 调整对比度的原图与效果对比

STEP 01 在剪映中将视频素材导入"本地"选项卡中，单击视频素材右下角的 ⊕ 按钮，如图1-14所示。

STEP 02 执行操作后，即可将视频素材导入视频轨道中，拖曳时间指示器至视频00:00:01:15的位置，如图1-15所示。

图1-14　单击素材导入按钮

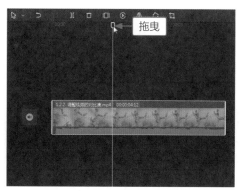

图1-15　拖曳时间指示器

STEP 03 单击"调节"按钮，进入"基础"调节面板，如图1-16所示。

图1-16　单击"调节"按钮

STEP 04 向右拖曳"对比度"滑块，设置参数为50，提高画面的清晰度，如图1-17所示。执行操作后，画面色彩对比会更加明显，细节更加突出。

图1-17　拖曳"对比度"滑块

1.2.3 调整视频曝光过度

【效果说明】：当拍摄视频离光源太近或者逆光拍摄时，就会出现曝光过度的现象，这时用户可以通过调整"亮度"和"光感"参数对画面进行补救。调整曝光过度的原图与效果对比，如图1-18所示。

案例效果

教学视频

图1-18　调整曝光过度的原图与效果对比

STEP 01　在剪映中将视频素材导入"本地"选项卡中，单击视频素材右下角的⊕按钮，如图1-19所示。

STEP 02　执行操作后，即可将视频素材导入视频轨道中，如图1-20所示。

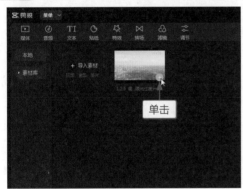
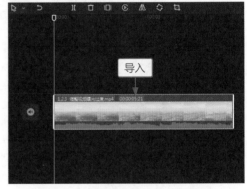

图1-19　单击素材导入按钮　　　　　图1-20　将视频素材导入视频轨道

STEP 03　在预览窗口中可以看到视频画面曝光过度。单击"调节"按钮，进入"基础"调节面板，如图1-21所示。

图1-21　单击"调节"按钮

STEP 04 ❶向左拖曳"亮度"滑块，设置参数为-10；❷向左拖曳"光感"滑块，设置参数为-50，降低画面曝光度，如图1-22所示。执行操作后，即可让画面更清晰，突出色彩细节。

图1-22　调节画面亮度和曝光度参数

1.2.4　调整视频的饱和度

【效果说明】：在剪映中调整视频的"饱和度"参数，可以让灰白的视频画面变得通透、色彩鲜艳。调整饱和度的原图与效果对比，如图1-23所示。

案例效果　　教学视频

图1-23　调整饱和度的原图与效果对比

STEP 01 在剪映中将视频素材导入"本地"选项卡中，单击视频素材右下角的⊕按钮，如图1-24所示。

STEP 02 执行操作后，即可将视频素材导入视频轨道中，如图1-25所示。

 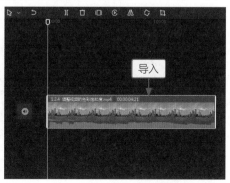

图1-24　单击素材导入按钮　　　　图1-25　将视频素材导入视频轨道

STEP 03 单击"调节"按钮，进入"基础"调节面板，如图1-26所示。

图1-26 单击"调节"按钮

STEP 04 向右拖曳"饱和度"滑块，设置参数为50，让画面色彩更鲜艳，如图1-27所示。执行操作后，即可让视频画面中的风景变得更加美丽。

图1-27 调节饱和度参数

1.2.5 调整视频的色温和色调

【效果说明】：调整色温可以调整冷暖光源，调整色调则是调整画面整体的色彩倾向，使其偏暖色调或者偏冷色调。当画面偏冷时，用户可以通过提高"色温"和"色调"参数，为画面增加暖色调。调整色温和色调的原图与效果对比，如图1-28所示。

案例效果 教学视频

图1-28 调整色温和色调的原图与效果对比

STEP 01 在剪映中将视频素材导入"本地"选项卡中,单击视频素材右下角的 按钮,如图1-29所示。

STEP 02 执行操作后,即可将视频素材导入视频轨道中,如图1-30所示。

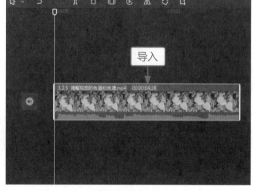

图1-29 单击素材导入按钮　　　　　　　图1-30 将视频素材导入视频轨道

STEP 03 单击"调节"按钮,进入"基础"调节面板,如图1-31所示。

图1-31 单击"调节"按钮

STEP 04 ❶向右拖曳"色温"滑块,设置参数为50;❷向右拖曳"色调"滑块,设置参数为50,让画面偏暖色调,如图1-32所示。执行操作后,即可让绿色的植物变成黄色。

图1-32 调节色温和色调参数

在剪映中进行一级校色，除了可调整上述参数外，还可以调整"锐化""颗粒""褪色""暗角"等参数，对画面色彩进行初步校正。

1.3 二级调色：对局部和主体重点调色

二级调色是在一级调色处理的基础上，对素材图像的局部画面进行细节调整，比如对物品颜色、肤色深浅、服装搭配、去除杂物、抠像等细节的处理，并对素材图像的整体风格进行色彩调节，保障整体色调统一。

如果一级调色在进行校色调整时没有处理好，会影响到二级调色。因此，用户在进行二级调色前应将图片基本的问题处理好，不要留到后续再处理，这样可以提高调色效率和质量。

1.3.1 调整视频局部细节

【效果说明】：在剪映中，可以运用蒙版功能对图像进行局部调色，让画面的整体色彩更加和谐。调整局部细节的原图与效果对比，如图1-33所示。

案例效果　　教学视频

图 1-33　调整局部细节的原图与效果对比

STEP 01 在剪映中将视频素材导入"本地"选项卡，单击视频素材右下角的⊕按钮，如图1-34所示。

STEP 02 执行操作后，即可将视频素材导入视频轨道，并复制该视频素材粘贴至画中画轨道，如图1-35所示。

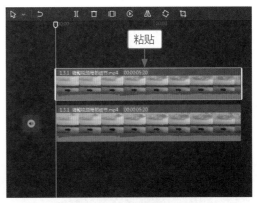

图1-34 单击素材导入按钮   图1-35 复制视频素材粘贴至画中画轨道

STEP 03 可以看到视频左下角的色彩偏暗，与天空色彩不对称。❶切换至"蒙版"选项卡；❷选择"圆形"选项；❸调整蒙版的形状并覆盖到要调整的画面；❹长按✛按钮并向上微微拖曳，调整羽化边缘，如图1-36所示。

图1-36 调整羽化边缘

STEP 04 ❶单击"调节"按钮；❷在"基础"调节面板中拖曳"色温"滑块，设置参数为-43，调整局部画面，让色彩偏蓝，如图1-37所示。执行所有操作后，即可改变局部的色彩，并使其与天空的色彩相呼应。

图1-37 设置色温参数

1.3.2 利用抠像突出主体

【效果说明】：在剪映中，可以在不改变环境色彩的情况下，突出人像主体，让人像更加完美。运用"智能抠像"功能抠出人像，然后再对人像进行磨皮瘦脸，以及提升亮度的操作。利用抠像突出主体的原图与效果对比，如图1-38所示。

案例效果　　　教学视频

图1-38　利用抠像突出主体的原图与效果对比

STEP 01 在剪映中将素材导入"本地"选项卡，单击素材右下角的➕按钮，如图1-39所示。

STEP 02 执行操作后，即可将素材导入视频轨道中，并复制该素材粘贴至画中画轨道，如图1-40所示。

图1-39　单击素材导入按钮

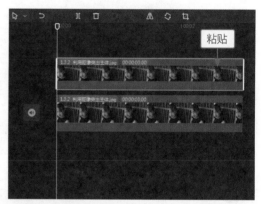

图1-40　复制视频素材粘贴至画中画轨道

STEP 03 可以看到，视频中的人像面部比较暗淡。❶切换至"抠像"选项卡；❷单击"智能抠像"按钮，抠出人像，如图1-41所示。

STEP 04 ❶切换至"基础"选项卡；❷拖曳滑块，设置"磨皮"参数为100、"瘦脸"参数为50，美化人像脸部，如图1-42所示。

图1-41　单击"智能抠像"按钮

图1-42　美化人像脸部

STEP 05 ❶单击"调节"按钮；❷在"基础"调节面板中拖曳"亮度"滑块，设置参数为3，提亮人像的脸部，如图1-43所示。

图1-43　提亮人像的脸部

STEP 06 ❶单击"特效"按钮；❷单击"星火炸开"氛围特效右下角的❹按钮，如图1-44所示。

STEP 07 ❶单击"音频"按钮；❷单击所选音乐右下角的❹按钮，为视频添加背景音乐，如图1-45所示。执行上述操作后，即可美化人像，突出视频的主体。

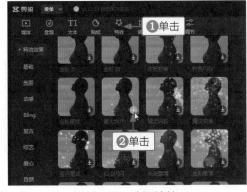

图1-44　选择特效

图1-45　添加背景音乐

2 CHAPTER

第2章

剪映是一款专业的视频剪辑、编辑软件，具有视频调色、剪辑、合成，以及添加音频、字幕等功能。本章主要带领读者认识剪映的调色功能。

剪映调色功能分区

 本章重点索引

 调色滤镜界面

调色滤镜界面

色彩调节界面

其他辅助界面

效果欣赏

2.1 调色滤镜界面

用户在安装了剪映专业版后，打开软件即可使用"滤镜"功能为视频添加滤镜。本节主要带读者认识剪映调色滤镜界面，包括了解滤镜库，以及学习如何添加和删除滤镜。

2.1.1 了解滤镜库

剪映滤镜库中的素材丰富，单击"滤镜"按钮，即可进入"滤镜库"面板，如图2-1所示。在"精选"选项卡中有11款当下比较热门、常用的滤镜样式，风格多样，场景适用性强，为用户节省了挑选的时间。

切换至"高清"选项卡，即可在8款"高清"滤镜样式中，挑选适合视频画面的滤镜效果，如图2-2所示。

教学视频

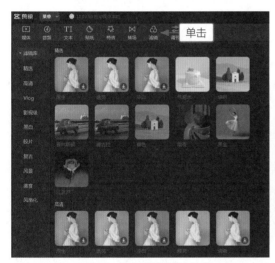

图2-1　进入"滤镜库"面板

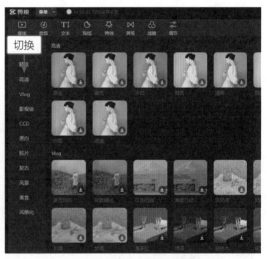

图2-2　挑选"高清"滤镜

在剪映"滤镜库"中，一共有98款滤镜样式，滤镜素材十分丰富，而且滤镜效果还能叠加使用，非常方便。

2.1.2 添加和删除滤镜效果

【效果说明】：在剪映中添加滤镜时，可以多尝试几种滤镜，然后挑选最适合画面的滤镜。添加合适的滤镜能让画面焕然一新。添加滤镜的原图与效果对比，如图2-3所示。

案例效果

教学视频

图2-3 添加滤镜的原图与效果对比

STEP 01 将视频素材导入"本地"选项卡中,单击视频素材右下角的⊕按钮,如图2-4所示。

STEP 02 将视频素材添加到视频轨道后,❶单击"滤镜"按钮;❷切换至Vlog选项卡;❸单击"海街日记"滤镜右下角的⬇按钮,下载该滤镜,如图2-5所示。

 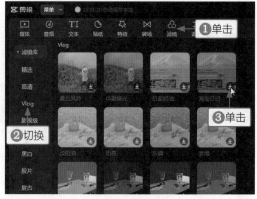

图2-4 导入视频素材   图2-5 下载"海街日记"滤镜

STEP 03 下载成功以后,单击"海街日记"滤镜右下角的⊕按钮,如图2-6所示。

STEP 04 添加滤镜后,即可在预览窗口中预览画面效果,如图2-7所示。

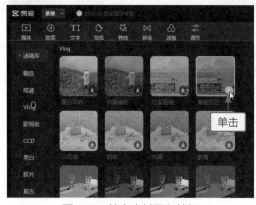 

图2-6 单击素材导入按钮   图2-7 预览画面效果

STEP 05 如果对添加滤镜后的效果不满意,可以单击时间线面板中的"删除"按钮🗑,删除滤镜,如图2-8所示。

STEP 06 添加新滤镜,❶切换至"复古"选项卡;❷下载并单击"普林斯顿"滤镜右下角的⊕按钮,如图2-9所示。

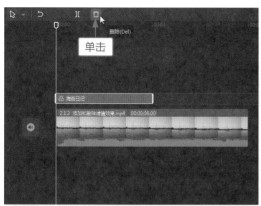

图2-8　单击"删除"按钮

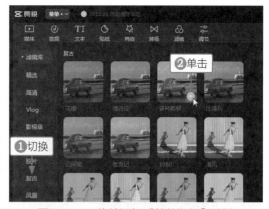

图2-9　下载并添加"普林斯顿"滤镜

STEP 07 在预览窗口中预览画面，拖曳滑块，设置"滤镜强度"参数为80，让滤镜效果更加自然，如图2-10所示。

图2-10　设置"滤镜强度"参数

STEP 08 在时间线面板中，拖曳"普林斯顿"滤镜右侧的白框，使滤镜时长与视频素材的时长一致，效果覆盖整个视频画面，如图2-11所示。执行操作后，即可为视频添加合适的滤镜。

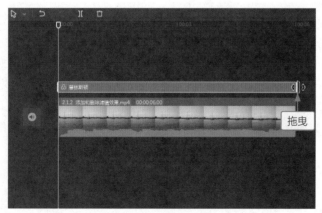

图2-11　拖曳"普林斯顿"滤镜右侧的白框

2.2 色彩调节界面

滤镜不是万能的，它无法适配所有画面，因此还需要对视频进行色彩调节以达到最优的效果。本节带领读者认识剪映色彩调节界面，了解如何添加自定义调节，以及设置基础调节参数。

2.2.1 添加自定义调节

在剪映主界面中，单击"调节"按钮，进入"调节"面板。在"调节"面板中有"自定义"和"我的预设"两个选项卡，在"自定义"选项卡中单击"自定义调节"右下角的➕按钮，即可添加自定义调节，如图2-12所示。

教学视频

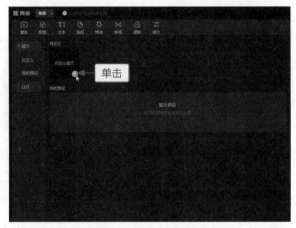

图2-12 添加自定义调节

添加之后可以看到时间线面板中生成了一条"调节1"轨道，界面右上角弹出"基础"调节面板，在"调节"列表中有"色温""色调"和"饱和度"等参数可供调节，如图2-13所示。

图2-13 在"基础"调节面板中调整参数

2.2.2　设置基础调节参数

【效果说明】：设置基础调节参数，可使原本暗淡的视频画面变得明亮、色彩饱满，细节也更加突出。设置基础调节参数的原图与效果对比，如图2-14所示。

案例效果

教学视频

图2-14　设置基础调节参数的原图与效果对比

STEP 01 对视频的画面效果进行色彩调节，在"明度"列表中拖曳滑块，设置"亮度"参数为13、"光感"参数为12、"阴影"参数为6，提高画面明度，如图2-15所示。

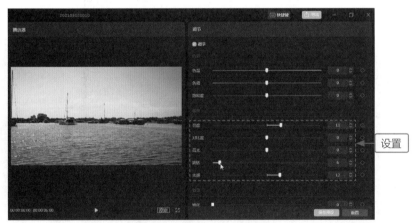

图2-15　设置"明度"参数

STEP 02 在"色彩"列表中，拖曳滑块，设置"色温"参数为-11、"色调"参数为10、"饱和度"参数为6，让画面色彩更加靓丽，如图2-16所示。

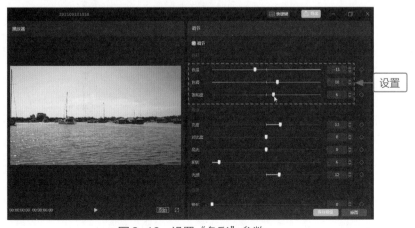

图2-16　设置"色彩"参数

STEP 03 在"效果"列表中拖曳滑块，设置"锐化"参数为20，提升画面清晰度，如图2-17所示。

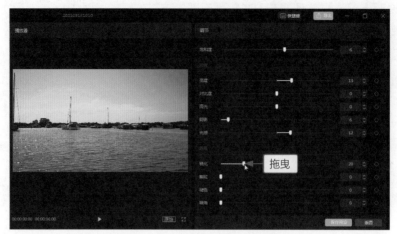

图2-17 设置"效果"参数

STEP 04 拖曳"调节1"右侧的白框，使其时长与视频素材的时长一致，让效果覆盖整个视频画面，如图2-18所示。执行操作后，即可优化视频画面细节，提升整体质感。

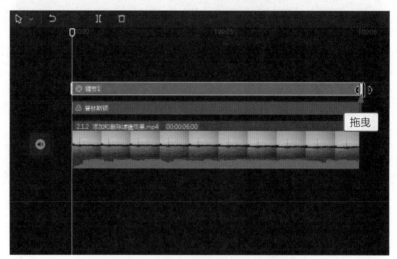

图2-18 调节效果覆盖整个视频画面

2.3 其他辅助界面

前面我们了解了剪映调色基础的滤镜和调节界面，下面将带领读者认识其他辅助界面，包括音频界面、文本界面、贴纸界面、特效界面和转场界面等。

2.3.1 音频界面

在剪映界面的"菜单"面板中，单击"音频"按钮，即可展开"音频"工作面板。在"音乐素材"选项卡中，包含"收藏""卡点""抖音"和"纯音乐"

教学视频

等音乐类别，如图2-19所示。单击所选音乐右下角的❀按钮，即可收藏音乐；单击所选音乐右下角的❀按钮，即可下载音乐；单击所选音乐右下角的➕按钮，即可添加音乐。

图2-19　显示"音乐素材"选项卡

在工作面板中，单击"音乐素材"按钮，即可收缩"音乐素材"选项卡，其中会显示"音效素材""音频提取""抖音收藏"和"链接下载"选项卡，如图2-20所示。在"音效素材"选项卡中，可以添加多种场景音效；在"音频提取"选项卡中，可以提取本地视频中的背景音乐；在"抖音收藏"选项卡中，可以添加在抖音收藏的音乐；在"链接下载"选项卡中，只要复制粘贴其他视频的链接，就能下载和添加其他视频中的音乐。

图2-20　收缩"音乐素材"选项卡

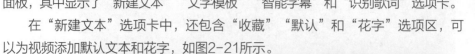

2.3.2 文本界面

在剪映界面的"菜单"面板中,单击"文本"按钮,即可展开"文本"工作面板,其中显示了"新建文本""文字模板""智能字幕"和"识别歌词"选项卡。

教学视频

在"新建文本"选项卡中,还包含"收藏""默认"和"花字"选项区,可以为视频添加默认文本和花字,如图2-21所示。

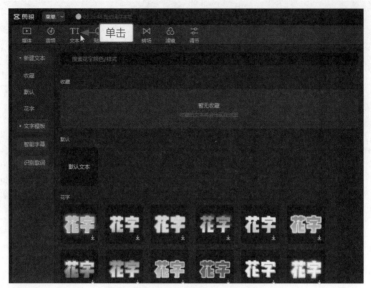

图2-21 添加默认文本和花字

在"文字模板"选项卡中,包含"精选""标题""字幕"和"卡拉OK"等选项区,可以为视频添加文字模板,如图2-22所示。

图2-22 添加文字模板

除了添加"新建文本"和"文字模板"之外,还可以运用"智能字幕"功能把视频中的语音识别成字幕,运用"识别歌词"功能把视频中音乐的歌词识别成字幕。

2.3.3　贴纸界面

在剪映界面的"菜单"面板中，单击"贴纸"按钮，即可展开"贴纸"工作面板。在"贴纸素材"选项卡中，包含了"收藏""热门""中秋"等选项区，可以使用它们为视频添加贴纸，如图2-23所示。

教学视频

图2-23　添加贴纸素材

在"贴纸素材"选项卡中，单击所选贴纸右下角的⊥按钮，即可下载贴纸。下载完成后，单击➕按钮，即可添加贴纸，还可在搜索栏中输入贴纸的名称或者元素搜索贴纸，如图2-24所示。

图2-24　在搜索栏中输入名称/元素搜索贴纸

2.3.4 特效界面

在剪映界面的"菜单"面板中，单击"特效"按钮，即可展开"特效"工作面板。在"特效效果"选项卡中，有"基础""氛围""动感"等选项区，可以使用它们为视频添加特效，如图2-25所示。

教学视频

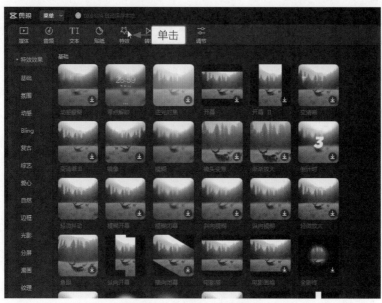

图2-25 添加特效效果

在"特效效果"选项卡中，❶切换至"氛围"选项区；❷下载"流星雨"特效后，单击右下角的➕按钮，即可添加特效，如图2-26所示。在添加特效前，可以预览每个特效的效果，确定风格后再添加。

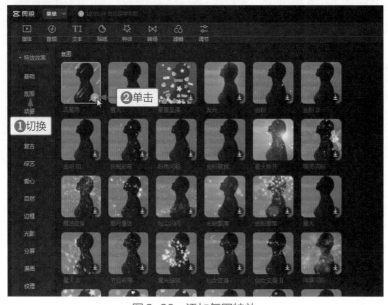

图2-26 添加氛围特效

2.3.5 转场界面

在剪映界面的"菜单"面板中，单击"转场"按钮，即可展开"转场"工作面板。在"转场效果"选项卡中，包含"基础转场""运镜转场""特效转场"等选项区，可以使用它们为视频添加转场效果，如图2-27所示。

教学视频

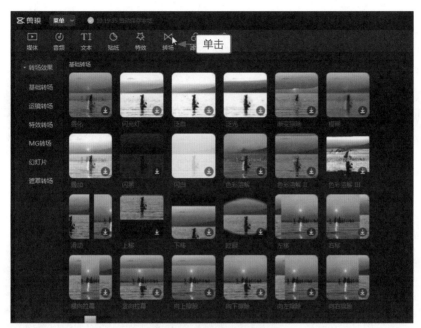

图2-27 添加转场效果

在转场效果中，单击所选转场右下角的⬇按钮，即可下载转场效果。下载完成后，单击该效果右下角的⊕按钮，即可添加转场。

3 CHAPTER

第3章

色卡调色

使用色卡对视频进行调色比设置滤镜调色更加快捷方便，添加各种色卡，再设置混合模式，就能调出理想的色调。本章主要介绍如何用色卡调出宝丽来色调、日落灯色调、港风复古色调和克莱因蓝色调。

 本章重点索引

▪ 色卡调色原理
▪ 色卡调色案例

 效果欣赏

3.1 色卡调色原理

色卡是一种颜色预设工具，使用它来调色是非常新颖和实用的。在剪映中运用色卡调色还需设置混合模式，二者相辅相成，是视频调色的法宝。

3.1.1 认识色卡

色卡是自然界存在的颜色在某种材质上的体现，是色彩实现在一定范围内统一标准的工具。各种与颜色有关的行业，都会有专有的色卡模板，用于色彩的选择、比对和沟通。

在调色类别中，色卡是一款底色工具，用于快速调出其他色调。单色色卡和渐变色卡的模板，如图3-1所示。

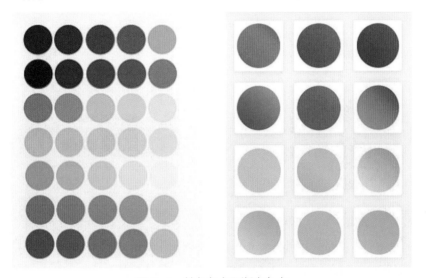

图3-1 单色色卡和渐变色卡

在24色标准色卡中的色彩都是比较常见的颜色，主要有钛白、柠檬黄、大红、翠绿、天蓝、紫色、黑色等，如图3-2所示。

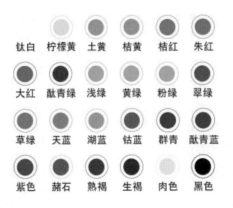

图3-2 24色标准色卡

3.1.2 生成色卡

有颜色的照片都可以生成色卡，为了能够调出想要的图片色调，我们要学会制作色卡。生成色卡的方法有很多种，下面介绍如何在醒图App中生成色卡。

案例效果　　教学视频

STEP 01 打开醒图App，点击"导入"按钮，如图3-3所示。

STEP 02 进入界面后，❶切换至"添加画布"选项卡，进入"添加画布"界面；❷选择喜欢的画布颜色，如图3-4所示。

图3-3　点击"导入"按钮

图3-4　选择画布颜色

STEP 03 进入"背景"界面，在界面中可以编辑画面的比例和颜色，如图3-5所示。

STEP 04 ❶选择9:16选项；❷在颜色区域向左拨动，选择喜欢的颜色；❸执行操作后，点击⬇按钮导出色卡，如图3-6所示。

图3-5　进入"背景"界面

图3-6　编辑画面的比例和颜色

3.1.3 设置混合模式

【效果说明】：添加粉色色卡素材后，在剪映中设置混合模式就能快速对视频进行调色，得到满意的画面色调效果。使用色卡调色的原图与效果对比，如图3-7所示。

案例效果

教学视频

图3-7 使用色卡调色的原图与效果对比

STEP 01 在剪映中将视频素材和色卡素材导入"本地"选项卡中，单击视频素材右下角的 ⊕ 按钮，把视频素材添加到视频轨道中，如图3-8所示。

STEP 02 拖曳色卡素材至画中画轨道中，并对齐视频素材的位置，如图3-9所示。

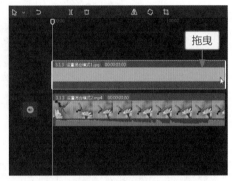

图3-8 添加视频素材到视频轨道　　图3-9 拖曳色卡素材至画中画轨道

STEP 03 ❶调整色卡素材的大小，使其覆盖视频画面；❷在"混合模式"面板中选择"柔光"选项，如图3-10所示。执行所有操作后，即可让原本清冷的画面变得偏粉色，增加梦幻感。

图3-10 调整和设置色卡素材

3.2 色卡调色案例

本节主要用案例的方式介绍如何用色卡进行调色，包括宝丽来色调、日落灯色调、港风复古色调和克莱因蓝色调的调色方法。不管是在人像调色中，还是风光调色中，这些色调不仅实用，还极具特色。

3.2.1 宝丽来色调

【效果说明】：宝丽来色调源于宝丽来胶片相机，其色调比较清冷，非常适合用于人像视频中，能让暗黄的皮肤变得通透自然。宝丽来色调调色的原图与效果对比，如图3-11所示。

案例效果   教学视频

图3-11　宝丽来色调调色的原图与效果对比

STEP 01 在剪映中将视频素材和色卡素材导入"本地"选项卡中，单击视频素材右下角的 ⊕ 按钮，把视频素材添加到视频轨道中，如图3-12所示。

STEP 02 拖曳两段色卡素材至画中画轨道，并对齐视频素材的时长，如图3-13所示。

 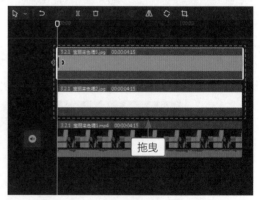

图3-12　添加视频素材到视频轨道　　　图3-13　拖曳色卡素材至画中画轨道

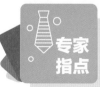

色卡调色的优点在于一张色卡就能为画面定调，减少了设置参数的过程，多张色卡还可以叠加使用，非常灵活方便。

STEP 03 调整两段色卡素材的大小，使其覆盖视频画面。

STEP 04 选择白色色卡素材，❶在"混合模式"面板中选择"柔光"选项；❷拖曳滑块，设置"不透明度"参数为50%，如图3-14所示。

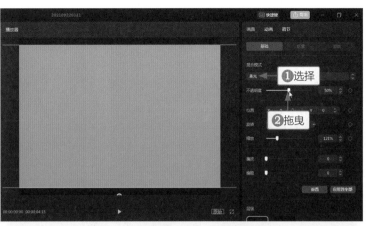

图3-14 设置白色色卡素材的参数

STEP 05 选择蓝色色卡素材，❶在"混合模式"面板中选择"柔光"选项；❷拖曳滑块，设置"不透明度"参数为31%，如图3-15所示。

执行所有操作后，即可让视频中人物原本暗黄的皮肤变得白皙和细腻。

图3-15 设置蓝色色卡素材的参数

3.2.2 日落灯色调

【效果说明】：套用日落灯色卡，可以制作出日落灯打光拍摄的效果。这个色调适合画面留白较多、纯色背景的视频。日落灯色调调色的原图与效果对比，如图3-16所示。

案例效果

教学视频

STEP 01 在剪映中将视频素材和色卡素材导入"本地"选项卡中，单击视频素材右下角的 ⊕ 按钮，把视频素材添加到视频轨道中，如图3-17所示。

STEP 02 拖曳色卡素材至画中画轨道，并调整其时长，对齐视频素材的末尾位置，如图3-18所示。

图3-16 日落灯色调调色的原图与效果对比

图3-17 添加视频素材到视频轨道

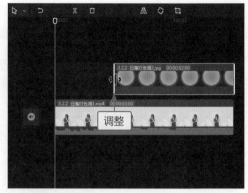

图3-18 拖曳色卡素材至画中画轨道

STEP 03 ❶调整色卡素材的画面大小，使其覆盖视频画面；❷在"混合模式"面板中选择"正片叠底"选项，如图3-19所示。

图3-19 调整和设置色卡素材

STEP 04 ❶单击"特效"按钮；❷单击"变清晰"特效右下角的➕按钮，如图3-20所示。

STEP 05 调整"变清晰"特效的时长，对齐色卡素材的起始位置，如图3-21所示。

图3-20 选择"变清晰"特效

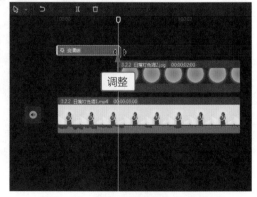

图3-21 调整"变清晰"特效时长

STEP 06 ❶切换至"动感"选项卡；❷单击"灵魂出窍"特效右下角的➕按钮，如图3-22所示。

STEP 07 调整"灵魂出窍"特效的时长，对齐视频素材的末尾位置，如图3-23所示。执行操作后，即可制作出日落的氛围，让单调的画面变得更有意境。

图3-22　选择"灵魂出窍"特效

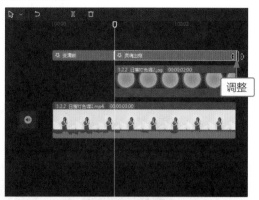

图3-23　调整"灵魂出窍"特效时长

3.2.3　港风复古色调

【效果说明】：街道和旧式建筑很适合调出港风复古色调，套用牛油果黄色卡即可制作，营造出一种泛黄和怀旧的氛围。港风复古色调调色的原图与效果对比，如图3-24所示。

案例效果　　教学视频

图3-24　港风复古色调调色的原图与效果对比

STEP 01 在剪映中将视频素材和色卡素材导入"本地"选项卡中，单击视频素材右下角的 + 按钮，把视频素材添加到视频轨道中，如图3-25所示。

STEP 02 拖曳色卡素材至画中画轨道，使其对齐视频素材的末尾位置，如图3-26所示。

图3-25　添加视频素材到视频轨道

图3-26　拖曳色卡素材至画中画轨道

STEP 03 ❶调整色卡素材的画面大小，使其覆盖视频画面；❷在"混合模式"面板中选择

"柔光"选项,如图3-27所示。

图 3-27　调整和设置色卡素材

STEP 04 ❶单击"特效"按钮;❷单击"变清晰"特效右下角的⊕按钮,如图3-28所示。

STEP 05 调整"变清晰"特效的时长,使其末尾位置处于视频的00:00:01:12,如图3-29所示。

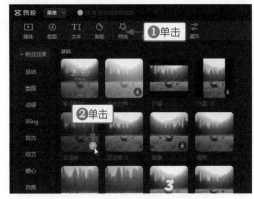

图 3-28　选择"变清晰"特效

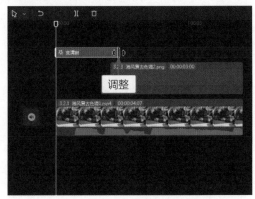

图 3-29　调整"变清晰"特效时长

STEP 06 ❶切换至"复古"选项卡;❷单击"荧幕噪点II"特效右下角的⊕按钮,如图3-30所示。

STEP 07 调整"荧幕噪点II"特效的时长,对齐视频素材的末尾位置,如图3-31所示。执行操作后,即可制作出画面效果如港风复古街道的视频,营造一种昏黄、朦胧的氛围。

图 3-30　选择"荧屏噪点II"特效

图 3-31　调整"荧幕噪点II"特效的时长

3.2.4　克莱因蓝色调

【效果说明】：克莱因蓝是根据艺术家伊夫·克莱因的名字而命名的蓝色，这种色调的特点就是极简和纯正，视觉冲击力非常强烈，很适合用在有关大海的视频中。克莱因蓝色调调色的原图与效果对比，如图3-32所示。

案例效果　　　教学视频

图3-32　克莱因蓝色调调色的原图与效果对比

STEP 01 ▶ 在剪映中将视频素材和色卡素材导入"本地"选项卡中，单击视频素材右下角的 ⊕ 按钮，把视频素材添加到视频轨道中，如图3-33所示。

STEP 02 ▶ 拖曳色卡素材至画中画轨道，并调整其时长，对齐视频素材的末尾位置，如图3-34所示。

 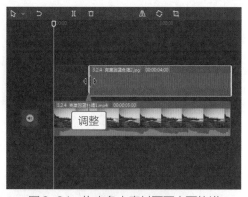

图3-33　添加视频素材到视频轨道　　　图3-34　拖曳色卡素材至画中画轨道

STEP 03 ▶ ❶调整色卡素材的画面大小，使其覆盖视频画面；❷在"混合模式"面板中选择"正片叠底"选项，如图3-35所示。

STEP 04 ▶ ❶单击"特效"按钮；❷单击"变清晰"特效右下角的 ⊕ 按钮，如图3-36所示。

图3-35　调整和设置色卡素材

STEP 05 调整"变清晰"特效的时长，对齐色卡素材的起始位置，如图3-37所示。

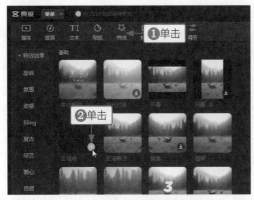

图3-36 选择"变清晰"特效

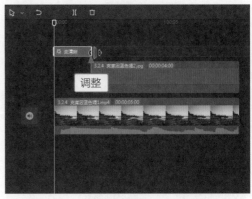

图3-37 调整"变清晰"特效的时长

STEP 06 ❶单击"贴纸"按钮；❷在搜索栏中搜索"落日"贴纸；❸单击所选落日贴纸右下角的 ⊕ 按钮，如图3-38所示。

STEP 07 调整"落日"贴纸的时长，对齐视频素材的末尾位置，如图3-39所示。

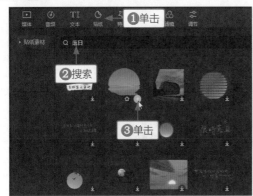

图3-38 选择"落日"贴纸

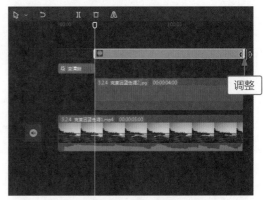

图3-39 调整"落日"贴纸的时长

STEP 08 调整贴纸的大小和位置，使其处于海平面，如图3-40所示。执行操作后，即可制作出冷暖色对比强烈的画面，视频好似一幅画作，极具艺术感。

图3-40 调整贴纸的大小和位置

知识导读

蒙版与关键帧在调色过程中起着辅助的作用，运用这些功能可以让调色"动"起来、"活"起来。本章主要介绍运用蒙版和关键帧进行局部调色、制作色彩渐变和调色预览视频，以及更替视频画面季节的方法。

4 CHAPTER

第4章

蒙版与关键帧调色

本章重点索引

- 蒙版与关键帧调色原理
- 蒙版与关键帧调色案例

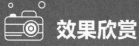

效果欣赏

4.1 蒙版与关键帧调色原理

运用蒙版与关键帧对视频进行调色，能够制作出各种色彩渐变的效果。在学习调色的具体方法前，我们先来认识和了解蒙版、关键帧调色的原理。

4.1.1 认识蒙版

教学视频

蒙版，是指选框的外部，起着遮罩的作用。在剪映中，切换至"蒙版"选项卡，在弹出的界面中展示了六种蒙版选项，分别为线性、镜面、圆形、矩形、星形和爱心蒙版，如图4-1所示。不同形状的蒙版，遮盖的范围和形状也各有所异。

在使用蒙版时，❶选择"线性"蒙版；❷调整蒙版线的位置；❸长按⊗按钮并向上拖曳；❹设置"羽化"参数为6，让画面边缘变得虚化，使画面过渡更加自然，如图4-2所示。同理，选择其他蒙版选项也是类似的调整方法。

图4-1 蒙版选项

图4-2 使用蒙版调整画面

4.1.2 认识关键帧

关键帧可以理解为运动的起始点或者转折点，通常一个动画最少需要两个关键帧才能完成。剪映中的关键帧功能可以把图片制作成视频，下面将介绍运用关键帧的具体方法。

案例效果

教学视频

 打开一张时长为6s左右的长图素材，❶设置图片的比例为

16:9；❷调整画面的大小和位置，使素材的最左边位置处于视频画面的起始位置；❸单击"位置"右侧的◆按钮，添加关键帧◆，如图4-3所示。

图4-3 添加关键帧

STEP 02 拖曳时间指示器至视频素材的末尾位置，调整画面，使其最右侧处于视频画面的末尾位置，"位置"右侧会自动生成关键帧◆，如图4-4所示。

图4-4 调整画面的位置

STEP 03 视频轨道中的素材，在起始位置和末尾位置显示了白色和蓝色的关键帧，如图4-5所示。在这两个关键帧之间产生的动作就是一个动画，这样静止的长图就变成了一段动态视频。

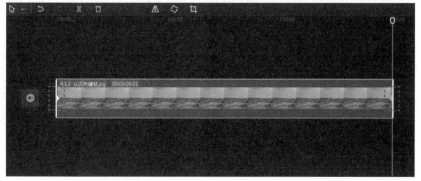

图4-5 显示白色和蓝色的关键帧

4.2 蒙版与关键帧调色案例

蒙版与关键帧虽然不能直接改变画面的色彩参数，但可以间接改变画面色彩。本节主要介绍如何运用"蒙版"和"关键帧"功能进行局部调色，制作色彩渐变和调色预览视频，以及更替视频画面季节。下面用案例的方式介绍调色方法。

4.2.1 进行局部调色

在剪映中运用"蒙版"功能，可以对视频进行局部调色，选择合适的蒙版形状就能改变画面的部分色调。

案例效果　　教学视频

【效果说明】：通过局部调色，可以改变视频中的天气，使黄昏变成清晨。局部调色的原图与效果对比，如图4-6所示。

图4-6　局部调色的原图与效果对比

 由于剪映一次只能应用一种蒙版形状，所以复杂的局部需多次调整蒙版的形状才能达到理想的效果。

STEP 01 在剪映中，将视频素材导入"本地"选项卡中，单击视频素材右下角的⊕按钮，把素材添加到视频轨道中，如图4-7所示。

STEP 02 复制该段视频素材至画中画轨道中，调整其时长约为3s，并对齐视频轨道中素材的末尾位置，如图4-8所示。

STEP 03 ❶切换至"蒙版"选项卡；❷选择"线性"蒙版；❸调整蒙版线的位置，使其处于画面中栏杆的上方；❹长按⊗按钮并向上拖曳；❺设置"羽化"参数为4，让画面边缘变得虚化，使色彩过渡更加自然，如图4-9所示。

STEP 04 ❶单击"调节"按钮；❷拖曳滑块，设置"色温""色调"和"饱和度"参数都为-50，改变画面局部色彩；❸单击"导出"按钮，导出该段视频，如图4-10所示。

图4-7　添加视频素材到视频轨道

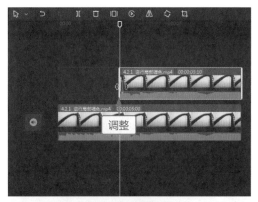

图4-8　调整素材的时长

图4-9　选择和设置蒙版

图4-10　调整画面色彩并导出视频

STEP 05 在剪映中，将上一步导出的视频素材和原始视频素材导入"本地"选项卡中，单击上一步导出的视频素材右下角的⊕按钮，把素材添加到视频轨道中，如图4-11所示。

STEP 06 拖曳原始视频素材至画中画轨道中，调整其时长约为3s，并对齐视频轨道中素材的末尾位置，如图4-12所示。

图4-11 添加视频素材到视频轨道

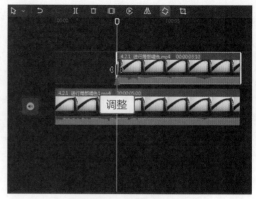

图4-12 调整素材时长

STEP 07 ❶切换至"蒙版"选项卡；❷选择"矩形"蒙版；❸调整蒙版的大小和位置，使其覆盖桥拱的末端位置，如图4-13所示。

图4-13 调整和设置蒙版

STEP 08 ❶单击"调节"按钮；❷拖曳滑块，设置"色温""色调"和"饱和度"参数都为-50，使这部分画面的色彩与局部色彩一致，如图4-14所示。

图4-14 设置参数

STEP 09 ❶单击"特效"按钮；❷单击"变清晰"特效右下角的⊕按钮，如图4-15所示。

STEP 10 调整"变清晰"特效的时长，对齐画中画轨道中视频素材的起始位置，如图4-16所示。

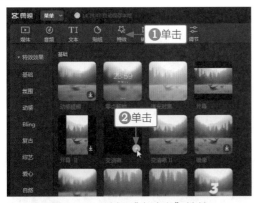

图4-15 选择"变清晰"特效

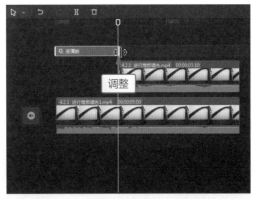

图4-16 调整"变清晰"特效的时长

STEP 11 ❶切换至"自然"选项卡；❷单击"晴天光线"特效右下角的➕按钮，如图4-17所示。

STEP 12 调整"晴天光线"特效的时长，对齐视频素材的末尾位置，如图4-18所示。执行操作后，即可改变视频画面的局部色彩，甚至把黄昏变成清晨。

图4-17 选择"晴天光线"特效

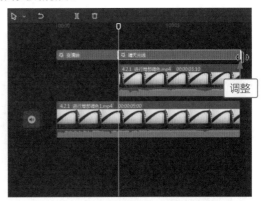

图4-18 调整"晴天光线"特效的时长

4.2.2 制作色彩渐变视频

【效果说明】：运用"蒙版"和"关键帧"功能，能做出色彩渐变的视频，让画面色彩随着蒙版形状的变化而慢慢展现出来。色彩渐变的原图与效果对比，如图4-19所示。

案例效果

教学视频

图4-19 色彩渐变的原图与效果对比

STEP 01 在剪映中，将视频素材导入"本地"选项卡中，单击视频素材右下角的➕按钮，如图4-20所示。

STEP 02 执行操作后，即可将视频素材导入视频轨道，如图4-21所示。

图4-20 导入视频素材

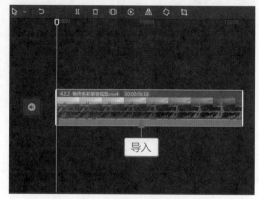

图4-21 添加视频素材到视频轨道

STEP 03 ❶单击"滤镜"按钮；❷切换至"黑白"选项卡；❸单击"褪色"滤镜右下角的➕按钮，如图4-22所示。

STEP 04 调整"褪色"滤镜的时长，对齐视频素材的时长，如图4-23所示。操作完成后，导出视频。

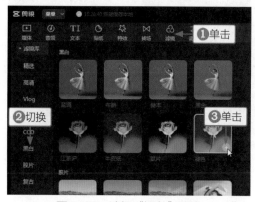

图4-22 选择"褪色"滤镜

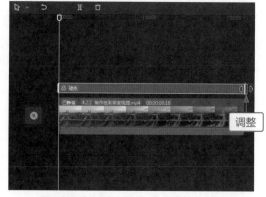

图4-23 调整"褪色"滤镜的时长

STEP 05 在剪映中，将上一步导出的视频素材和原始视频素材导入"本地"选项卡中，单击上一步导出的视频素材右下角的➕按钮，把素材添加到视频轨道中，如图4-24所示。

STEP 06 拖曳原始视频素材至画中画轨道，并调整其时长，使其起始位置约在00:00:00:05，末尾位置对齐视频素材的位置，如图4-25所示。

STEP 07 ❶切换至"蒙版"选项卡；❷选择"圆形"蒙版；❸长按⚘按钮并向上拖曳；❹设置"羽化"参数为4；❺单击"大小"右侧的◆按钮，添加关键帧◆，如图4-26所示。

STEP 08 拖曳时间指示器至视频素材的末尾位置，调整圆形蒙版的大小，使其大约覆盖所有画面，"大小"右侧会自动生成关键帧◆，如图4-27所示。

图4-24 添加视频素材到视频轨道

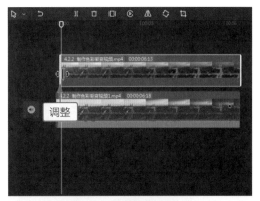

图4-25 调整素材的时长

图4-26 设置蒙版并添加关键帧

图4-27 调整蒙版

STEP 09 ❶单击"文本"按钮；❷切换至"文字模板"选项卡；❸在"标题"选项区中单击"小城故事"模板右下角的⊕按钮，如图4-28所示。

STEP 10 调整文字的时长和位置，使其起始位置在视频00:00:01:18，末尾位置对齐视频素材的末尾位置，如图4-29所示。

STEP 11 调整文字的大小，使其处于画面中间的位置，如图4-30所示。执行操作后，即可制作圆形蒙版渐变效果。

图 4-28　添加文字模板

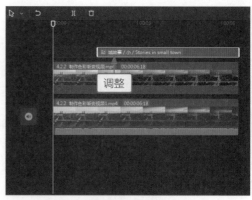

图 4-29　调整文字模板的时长和位置

图 4-30　调整文字的大小

4.2.3 制作调色预览视频

【效果说明】：运用"蒙版"和"关键帧"功能，可以做出调色预览视频，制作出调色前后对比的视频效果，实用性非常强。调色预览视频的原图与效果对比，如图4-31所示。

案例效果　　　教学视频

图 4-31　调色预览视频的原图与效果对比

STEP 01　在剪映中，将视频素材导入"本地"选项卡中，单击视频素材右下角的➕按钮，如图4-32所示。

STEP 02　执行操作后，即可将视频素材导入视频轨道中，如图4-33所示。

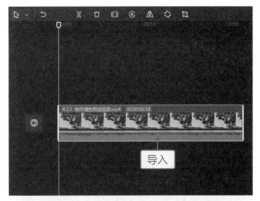

图4-32　导入视频素材　　　　　　图4-33　添加视频素材到视频轨道

STEP 03 ❶单击"滤镜"按钮；❷切换至"影视级"选项卡；❸单击"即刻春光"滤镜右下角的➕按钮，如图4-34所示。

STEP 04 调整"即刻春光"滤镜的时长，对齐视频素材的时长，如图4-35所示。

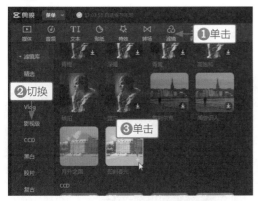

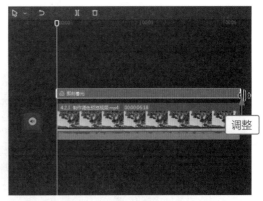

图4-34　选择"即刻春光"滤镜　　　　图4-35　调整"即刻春光"滤镜的时长

STEP 05 ❶拖曳滑块，设置"滤镜强度"参数为70；❷单击"导出"按钮导出视频，如图4-36所示。

图4-36　设置滤镜参数并导出视频

STEP 06 在剪映中，将上一步导出的视频素材和原始视频素材导入"本地"选项卡中，单击上一步导出的视频素材右下角的⊕按钮，把素材添加到视频轨道中，如图4-37所示。

STEP 07 拖曳原始视频素材至画中画轨道中，使其对齐视频轨道中素材的位置，如图4-38所示。

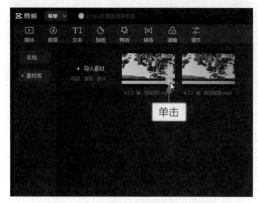

图4-37 添加视频素材到轨道

图4-38 拖曳原始视频素材至画中画轨道

STEP 08 ❶切换至"蒙版"选项卡；❷选择"线性"蒙版；❸旋转蒙版线，使其为90°；❹拖曳蒙版线至画面最左边位置；❺单击"位置"右侧的◆按钮，添加关键帧◆，如图4-39所示。

图4-39 设置蒙版并添加关键帧

STEP 09 拖曳时间指示器至视频素材的末尾位置，拖曳蒙版线至画面最右边位置，"位置"右侧会自动生成关键帧◆，如图4-40所示。执行操作后，即可制作出调色对比的预览视频。

图4-40 拖曳蒙版线至相应位置

4.2.4 更替视频画面季节

【效果说明】：运用"蒙版"和"关键帧"功能，还能做出季节变换的效果，把秋天变成冬天。更替视频画面季节的原图与效果对比，如图4-41所示。

案例效果

教学视频

图4-41 更替视频画面季节的原图与效果对比

STEP 01 在剪映中，将视频素材导入"本地"选项卡中，单击视频素材右下角的⊕按钮，如图4-42所示。

STEP 02 执行操作后，即可将视频素材导入视频轨道中，如图4-43所示。

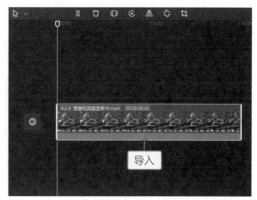

图4-42 导入视频素材　　　　图4-43 添加视频素材到视频轨道

STEP 03 ❶单击"滤镜"按钮；❷切换至"黑白"选项卡；❸单击"默片"滤镜右下角的⊕按钮，如图4-44所示。

STEP 04 调整"默片"滤镜的时长，对齐视频素材的时长，如图4-45所示。

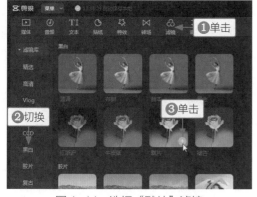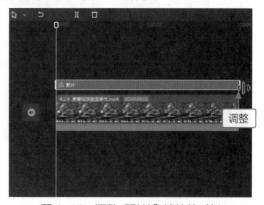

图4-44 选择"默片"滤镜　　　　图4-45 调整"默片"滤镜的时长

STEP 05 选择视频素材，❶单击"调节"按钮；❷拖曳滑块，设置"亮度"参数为18、"对比度"参数为-22、"高光"参数为22、"光感"参数为-50，让画面变成下雪天，如图4-46所示。

STEP 06 ❶单击"特效"按钮；❷切换至"自然"选项卡；❸单击"大雪纷飞"特效右下角的➕按钮，如图4-47所示。

STEP 07 调整"大雪纷飞"特效的时长，对齐视频素材的时长，如图4-48所示。操作完成后，导出视频。

图4-46　设置参数

图4-47　选择"大雪纷飞"特效

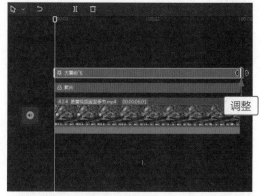

图4-48　调整"大雪纷飞"特效的时长

STEP 08 在剪映中，将上一步导出的视频素材和原始视频素材导入"本地"选项卡中，单击上一步导出的视频素材右下角的➕按钮，把素材添加到视频轨道中，如图4-49所示。

STEP 09 拖曳原始视频素材至画中画轨道，使其对齐视频轨道中的素材，如图4-50所示。

图4-49　添加视频素材到视频轨道

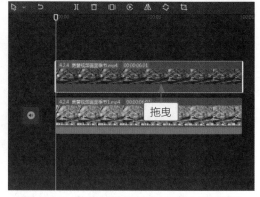

图4-50　拖曳原始视频素材至画中画轨道

STEP 10 ❶切换至"蒙版"选项卡；❷选择"线性"蒙版；❸旋转蒙版线，使其为90°；

④拖曳蒙版线至画面最左边位置；⑤单击"位置"右侧的 ⬛ 按钮，添加关键帧 ◆，如图4-51所示。

图4-51 设置蒙版并添加关键帧

STEP 11 拖曳时间指示器至视频素材末尾位置，拖曳蒙版线至画面最右边位置，"位置"右侧会自动生成关键帧 ◆，如图4-52所示。执行操作后，即可更替视频画面季节，把秋天变成冬天。

图4-52 拖曳蒙版线至相应位置

专家指点

　　当在剪映中，使用"线性"蒙版制作调色视频时，可以根据视频中的镜头方向更改蒙版线的角度位置。例如，镜头方向是从上到下运镜，那么蒙版线的角度可以是180°，蒙版线的起始位置位于视频画面最上方的位置，其末尾位置则可以位于视频画面最下方的位置。

5 CHAPTER

第5章

在剪映中，通过自建调色预设可以节约调色的时间，还可以自建有个人风格的调色模板，对于用户来说，方便又实用。本章主要介绍调出森系色调、粉紫色调、漫画色调和明艳色调的方法，再通过创建预设保存色调。

自建调色预设

本章重点索引

- 调色预设的原理
- 自建调色预设案例

效果欣赏

5.1 调色预设的原理

预设在字面上的意思是指前提、先设和前设，也就是在某件事情发生之前的假设，在调色层面则是指提前设定好色彩参数，作为一个套用的调色模板。在剪映中，设置预设通常是指设置"自定义调节"参数，用户可以根据自己对色彩的喜好来设置相关参数。

5.1.1 认识预设

教学视频

剪映中的预设在"我的预设"选项区中，其工作原理是通过保存不同的设置组合，以便在之后的调色过程中能够快速获得视频调色效果，如图5-1所示。用户按照喜欢的方式预设选项后，就可以保存和使用，也可以在其他视频中重复使用。

预设可以节约调色的时间，对于初学者来说是一个非常方便和快捷的工具，学会预设调色，可以大大提高用户的调色技能。

在剪映中，单击"调节"按钮，在"基础"和HSL面板中设置相关参数后，单击"保存预设"按钮，即可完成预设，如图5-2所示。

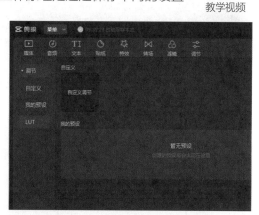

图5-1 "我的预设"选项区

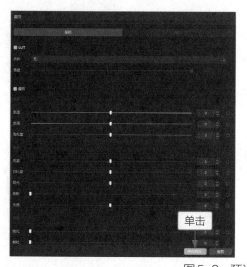

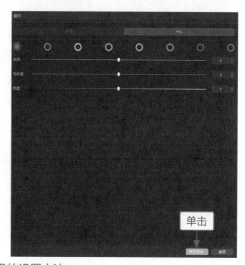

图5-2 预设的设置方法

5.1.2 使用预设调色

保存好的预设是无法改变的，但后期可以根据画面的需要，编辑和调节相关参数，让画面色彩呈现出理想的效果。下面介绍如何使用预设调色。

教学视频

STEP 01 在剪映中将素材导入"本地"选项卡中，单击视频素材右下角的⊕按钮，将素材添加到视频轨道中，如图5-3所示。

STEP 02 ❶单击"调节"按钮；❷在"我的预设"选项区中，单击"清新"预设右下角的⊕按钮，如图5-4所示。

图5-3 添加视频素材到视频轨道

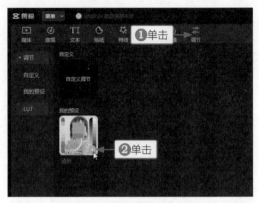

图5-4 选择"清新"预设

STEP 03 时间线面板中会生成一条"调节1"轨道，在"调节"列表中则会显示相关调节参数，这些就是"清新"预设中的参数，如图5-5所示。

图5-5 显示预设的调节参数

STEP 04 为了让画面色彩更加理想，❶在"调节"面板中切换至HSL选项卡；❷选择橙色选项◯；❸拖曳滑块，设置"饱和度"参数为64、"亮度"参数为19，使画面中的橙色家具变得明亮，如图5-6所示。

图5-6 设置橙色部分参数

STEP 05 ❶选择绿色选项
◯；❷拖曳滑块，设置
"饱和度"参数为40、
"亮度"参数为18，调节
后盆栽植物的颜色更加鲜
明，突出画面中的主体，
如图5-7所示。

图5-7　设置绿色部分参数

　进行HSL调色的诀窍在于，先分析画面中的色彩构成，然后从色彩着手来进行调色，就能快速调出理想的色调。

5.2　自建调色预设案例

本节介绍几种比较流行的调色案例，在调色完成后可以自建调色预设，下次遇到类似场景时，就可以直接套用预设，节约调色的时间。

5.2.1　森系色调

【效果说明】：森系色调是比较清新的颜色，很适合用在有植物元素出现的视频中。森系色调最重要的一点就是处理绿色，最主要的就是降低绿色的饱和度，使其偏墨绿色，至于画面中的其他颜色，可以根据画面的具体情况调整参数。森系色调调色的原图与效果对比，如图5-8所示。

案例效果　　教学视频

图5-8　森系色调调色的原图与效果对比

STEP 01 在剪映中，将视频素材导入"本地"选项卡中，单击视频素材右下角的⊕按钮，把素材添加到视频轨道中，如图5-9所示。

STEP 02 ❶单击"滤镜"按钮；❷切换至"风景"选项卡；❸单击"京都"滤镜右下角的➕按钮，给视频进行初步调色，如图5-10所示。

图5-9 添加视频素材到视频轨道　　　　图5-10 选择"京都"滤镜

STEP 03 ❶单击"调节"按钮；❷单击"自定义调节"右下角的➕按钮，添加"调节1"轨道，如图5-11所示。

STEP 04 在时间线面板中调整"京都"滤镜和"调节1"的时长，对齐视频素材的时长，如图5-12所示。

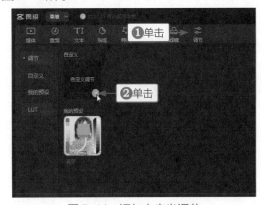
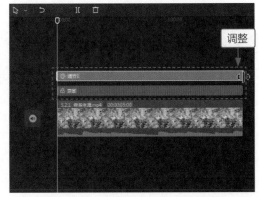

图5-11 添加自定义调节　　　　图5-12 调整时长对齐视频素材

STEP 05 在"调节"面板中拖曳滑块，设置"亮度"参数为-30、"对比度"参数为11、"光感"参数为-50、"锐化"参数为30，调整画面明度，提高清晰度，如图5-13所示。

STEP 06 拖曳滑块，设置"色调"参数为-16、"饱和度"参数为20，提高画面的冷暖色对比，如图5-14所示。

图5-13 设置参数提高画面清晰度

图5-14　设置参数提高画面冷暖色对比

STEP 07 ❶切换至HSL选项卡；❷选择橙色选项◯；❸拖曳滑块，设置"饱和度"参数为7，微微增加画面中的橙色色彩，如图5-15所示。

图5-15　设置参数增加画面中的橙色色彩

STEP 08 ❶选择黄色选项◯；❷拖曳滑块，设置"饱和度"参数为7，微微增加画面中的黄色色彩，如图5-16所示。

图5-16　设置参数增加画面中的黄色色彩

STEP 09 ❶选择绿色选项◯；❷拖曳滑块，设置"色相"参数为46、"饱和度"参数为-69、"亮度"参数为-27，降低画面中绿色的饱和度，使其偏墨绿色，如图5-17所示。

图5-17 设置参数降低画面中绿色的饱和度

STEP 10 ❶选择青色选项◯；❷拖曳滑块，设置"饱和度"参数为-24，让天空偏天蓝色，如图5-18所示。

图5-18 设置参数让天空偏天蓝色

STEP 11 ❶选择蓝色选项◯；❷拖曳滑块，设置"饱和度"参数为-19，降低画面整体的色彩饱和度；❸单击"保存预设"按钮完成预设，如图5-19所示。

图5-19 设置参数降低画面色彩饱和度并保存预设

STEP 12 ❶在弹出的面板中输入文字"森系"；❷单击"保存"按钮，如图5-20所示。

STEP 13 操作完成后，即可在"我的预设"选项区中增加"森系"预设，如图5-21所示。

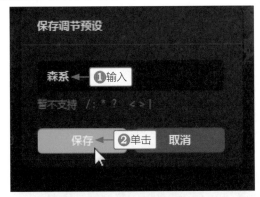

图5-20 输入文字并保存

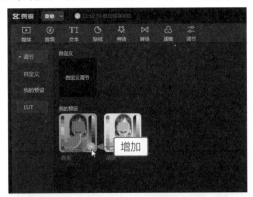

图5-21 增加"森系"预设

5.2.2 粉紫色调

【效果说明】：粉紫色调非常适合用在天空和大海的视频中，尤其是有夕阳云彩的天空，这种色调十分唯美梦幻，令人感到平和。粉紫色调调色的原图与效果对比，如图5-22所示。

案例效果   教学视频

图5-22 粉紫色调调色的原图与效果对比

STEP 01 在剪映中将视频素材导入"本地"选项卡中，单击视频素材右下角的 ⊕ 按钮，把素材添加到视频轨道中，如图5-23所示。

STEP 02 ❶单击"滤镜"按钮；❷切换至"风景"选项卡；❸单击"暮色"滤镜右下角的 ⊕ 按钮，给视频进行初步调色，如图5-24所示。

图5-23 添加视频素材到视频轨道

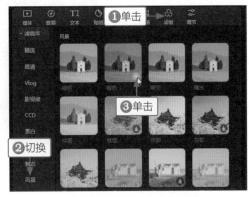

图5-24 添加"暮色"滤镜

STEP 03 ❶单击"调节"按钮；❷单击"自定义调节"右下角的⊕按钮，如图5-25所示。

STEP 04 在时间线面板中调整"暮色"滤镜和"调节1"的时长，使其对齐视频素材的时长，如图5-26所示。

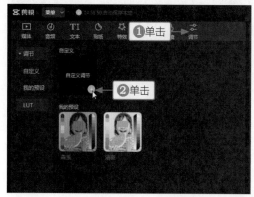

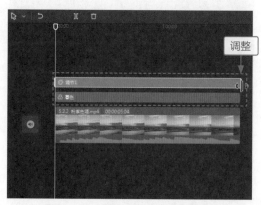

图5-25　添加自定义调节　　　　　　　　图5-26　调整时长对齐视频素材

STEP 05 在"调节"面板中拖曳滑块，设置"对比度"参数为9、"高光"参数为8、"阴影"参数为10、"锐化"参数为19，调整画面明度，提高色彩对比度和阴影，并让画面变清晰，如图5-27所示。

图5-27　设置参数使画面清晰

STEP 06 拖曳滑块，设置"色温"参数为10、"色调"参数为16、"饱和度"参数为4，调整画面的色彩，如图5-28所示。

图5-28　设置参数调整画面色彩

STEP 07 ❶切换至HSL选项卡；❷选择紫色选项◎；❸拖曳滑块，设置"色相"参数为23、"饱和度"参数为22，微微增加画面中的紫色色彩，如图5-29所示。

图5-29 设置参数增加画面中的紫色色彩

STEP 08 ❶选择洋红色选项◎；❷拖曳滑块，设置"饱和度"参数为23，微微增加画面中的粉色色彩；❸单击"保存预设"按钮完成预设，如图5-30所示。

图5-30 设置参数增加画面中的粉色色彩并保存预设

STEP 09 ❶在弹出的面板中输入文字"粉紫"；❷单击"保存"按钮，如图5-31所示。

STEP 10 操作完成后，即可在"我的预设"选项区中增加"粉紫"预设，如图5-32所示。

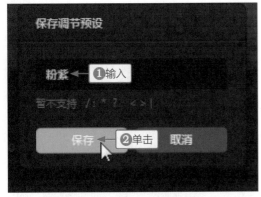

图5-31 输入文字并保存

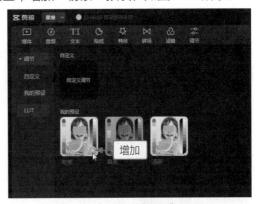

图5-32 增加"粉紫"预设

5.2.3 漫画色调

【效果说明】：漫画色调的特点是光线明亮，暗部细节非常清

案例效果

教学视频

晰，冷暖色对比强烈，颜色较为鲜艳。这种色调常用在建筑和风景视频中，能让现实中的画面像漫画一般。漫画色调调色的原图与效果对比，如图5-33所示。

图5-33　漫画色调调色的原图与效果对比

STEP 01 在剪映中，将视频素材导入"本地"选项卡中，单击视频素材右下角的 ⊕ 按钮，把素材添加到视频轨道中，如图5-34所示。

STEP 02 ❶拖曳时间指示器至视频00:00:01:15的位置；❷单击"分割"按钮 ，如图5-35所示。

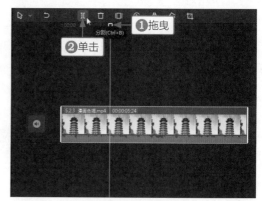

图5-34　添加视频素材到视频轨道　　　　图5-35　分割视频

STEP 03 ❶单击"调节"按钮；❷单击"自定义调节"右下角的 ⊕ 按钮，如图5-36所示。

STEP 04 调整"调节1"的时长，对齐视频素材的时长，如图5-37所示。

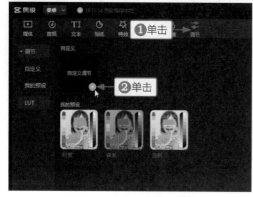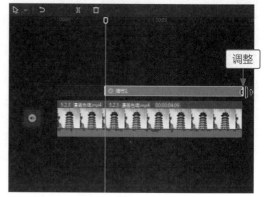

图5-36　添加自定义调节　　　　　图5-37　调整时长对齐视频素材

STEP 05 在"调节"面板中拖曳滑块，设置"亮度"参数为-10、"对比度"参数为9、"高光"参数为5、"锐化"参数为21，调整画面明度，提高清晰度，如图5-38所示。

图5-38 设置参数提高画面清晰度

STEP 06 拖曳滑块，设置"色温"参数为-18、"色调"参数为22、"饱和度"参数为22，提高画面的冷暖色对比，如图5-39所示。

图5-39 设置参数提高冷暖色对比

STEP 07 ①切换至HSL选项卡；②选择红色选项◯；③拖曳滑块，设置"饱和度"参数为65、"亮度"参数为40，提高塔的红色色彩，如图5-40所示。

图5-40 设置参数提高画面的红色色彩

STEP 08 ❶选择橙色选项
◎；❷拖曳滑块，设置
"饱和度"参数为48、
"亮度"参数为22，提
高塔的橙色色彩，如
图5-41所示。

图5-41 设置参数提高画面的橙色色彩

STEP 09 ❶选择黄色选项
◎；❷拖曳滑块，设置
"饱和度"参数为49、
"亮度"参数为24，提
高塔顶的黄色色彩，如
图5-42所示。

图5-42 设置参数提高画面的黄色色彩

STEP 10 ❶选择蓝色选项
◎；❷拖曳滑块，设置
"色相"参数为90、"饱
和度"参数为61，让天
空偏深蓝色，如图5-43
所示。

图5-43 设置参数加深画面的蓝色色彩

STEP 11 ❶选择洋红色选项◎；❷拖曳滑块，设置"色相"参数为74、"饱和度"参数为
100、"亮度"参数为-100，提高塔的暗部色彩；❸单击"保存预设"按钮完成预设，如
图5-44所示。

图5-44　设置参数提高画面暗部的色彩并保存预设

STEP 12 ❶在弹出的面板中输入文字"漫画"；❷单击"保存"按钮，如图5-45所示。

STEP 13 操作完成后，❶单击"特效"按钮；❷单击"变清晰"特效右下角的➕按钮，如图5-46所示。

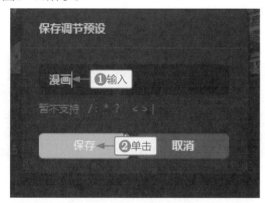

图5-45　输出文字并保存

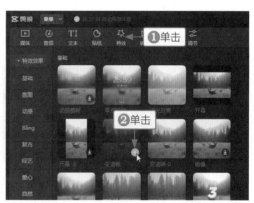

图5-46　添加"变清晰"特效

STEP 14 调整"变清晰"特效的时长，对齐视频分割的位置，如图5-47所示。

STEP 15 ❶切换至"自然"选项卡；❷单击"花瓣飞扬"特效右下角的➕按钮，如图5-48所示。

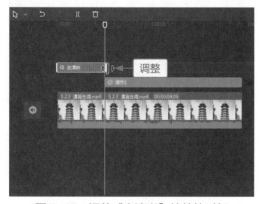

图5-47　调整"变清晰"特效的时长

图5-48　选择"花瓣飞扬"特效

添加特效以后，调整特效时长，对齐视频素材的末尾位置，操作完成即可调出漫画色调。

案例效果　　教学视频

专家指点

在剪映中，当完成调色后，可以运用其他功能为视频添加特效、文字或者贴纸等元素，让视频的画面效果更加完美。

5.2.4 明艳色调

【效果说明】：明艳色调非常适合花朵等五颜六色的视频，能将色彩效果放到最大化，让原本光线不好的画面变得明亮鲜艳，增强视觉上的吸引力，从而突出画面中的各种细节，展示不一样的色彩。明艳色调调色的原图与效果对比，如图5-49所示。

图5-49　明艳色调调色的原图与效果对比

STEP 01 在剪映中，将视频素材导入"本地"选项卡中，单击视频素材右下角的 + 按钮，把素材添加到视频轨道中，如图5-50所示。

STEP 02 ❶拖曳时间指示器至视频00:00:01:15的位置；❷单击"分割"按钮 ，如图5-51所示。

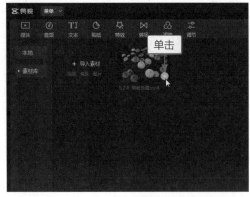 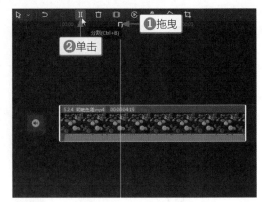

图5-50　添加视频素材到视频轨道　　　　　　图5-51　分割视频

STEP 03 ❶单击"调节"按钮；❷单击"自定义调节"右下角的 + 按钮，如图5-52所示。

STEP 04 调整"调节1"的时长，对齐视频素材的时长，如图5-53所示。

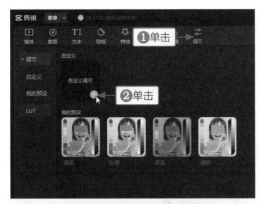

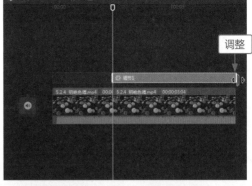

图5-52　添加自定义调节　　　　　　　　图5-53　调整时长对齐视频素材

STEP 05 在"调节"面板中拖曳滑块，设置"亮度"参数为25、"对比度"参数为3、"高光"参数为13、"锐化"参数为12，让视频画面稍微明亮一些，同时提高清晰度，如图5-54所示。

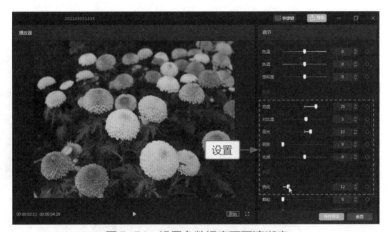

图5-54　设置参数提高画面清晰度

STEP 06 拖曳滑块，设置"色温"参数为16、"色调"参数为-11、"饱和度"参数为15，突出花朵的色彩，如图5-55所示。

图5-55　设置参数突出花朵色彩

STEP 07 ❶切换至HSL选项卡；❷选择红色选项◯；❸拖曳滑块，设置"色相"参数为27、"饱和度"参数为2、"亮度"参数为17，让画面中的红色更鲜艳，如图5-56所示。

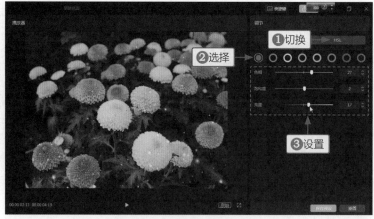

图5-56　设置参数使红色更鲜艳

STEP 08 ❶选择橙色选项◯；❷拖曳滑块，设置"色相"参数为-16、"饱和度"参数为38、"亮度"参数为8，让画面中橙色花朵的颜色更鲜艳，如图5-57所示。

图5-57　设置参数使橙色更鲜艳

STEP 09 ❶选择黄色选项◯；❷拖曳滑块，设置"饱和度"参数为27，让画面中黄色花朵的颜色更鲜艳，如图5-58所示。

图5-58　设置参数使黄色更鲜艳

STEP 10 ❶选择绿色选项◯；❷拖曳滑块，设置"色相"参数为-21、"饱和度"参数为34，让叶子的颜色更加鲜艳，如图5-59所示。

图5-59　设置参数使绿色更鲜艳

STEP 11 ❶选择洋红色选项◯；❷拖曳滑块，设置"饱和度"参数为34，让画面中粉色花朵的颜色更鲜艳；❸单击"保存预设"按钮完成预设，如图5-60所示。

图5-60　设置参数使粉色更鲜艳并保存预设

STEP 12 ❶在弹出的面板中输入文字"明艳"；❷单击"保存"按钮，如图5-61所示。

STEP 13 操作完成后，❶单击"特效"按钮；❷单击"变清晰"特效右下角的⊕按钮，如图5-62所示。

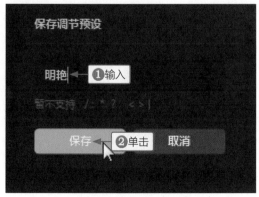

图5-61　输入文字并保存

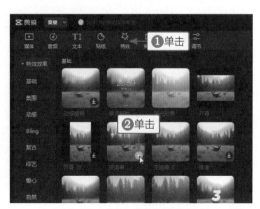

图5-62　添加"变清晰"特效

STEP 14 调整"变清晰"特效的时长，对齐视频分割的位置，如图5-63所示。

STEP 15 ❶切换至"氛围"选项卡；❷单击"萤光飞舞"特效右下角的⊕按钮，如图5-64所示。

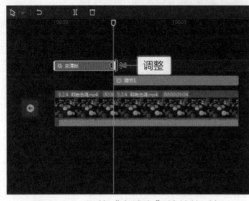

图5-63　调整"变清晰"特效的时长　　　　图5-64　添加"萤光飞舞"特效

添加特效后，调整特效的时长，对齐视频素材的末尾位置，操作完成即可调出明艳色调。

专家指点　　　　对于后期调色，用户的举一反三是十分重要的，强记参数和硬套预设并不一定能得到完美的画面效果。因此，我们应先掌握方法，再根据视频特色进行调色。

LUT调色是剪映新版本中的特色和亮点，它让视频的专业化调色有了更多选择。本章主要带大家认识LUT工具，介绍如何在剪映中导入和应用LUT工具，以及利用LUT渲染蓝灰色调和蓝黄色调。

6 CHAPTER

第6章

LUT调色

本章重点索引

- 认识LUT
- 在剪映中添加LUT
- 利用LUT渲染色彩

效果欣赏

6.1 认识LUT

LUT与滤镜的功能有部分相似，都是调色的模板。它们的不同之处在于，滤镜是对画面的整体产生影响，如黄色的画面不可能通过添加滤镜而变绿；而LUT工具则非常灵活，可以改变色相、明度和饱和度等参数。

6.1.1 LUT是什么

LUT(look-up-table)是指显示查找表，用户通过添加LUT后，可以将原始的RGB值输出为设定好的RGB值，从而改变画面的色相与明度。例如，输出之前的像素是RGB(2,3,1)，设置LUT之后的输出值则是RGB(8,15,0)。简而言之，LUT工具就是帮助我们把原始RGB值转化为输出RGB值。

可以用模型的方式来理解LUT，如图6-1所示。

我们可以把LUT工具看作一种预设或者滤镜，通过应用LUT就能渲染画面色彩。LUT在照片和视频领域中应用广泛，就算是跨平台的LUT，通过视频编辑软件或者修图软件打开后也可以通用。比如，在剪映中添加LUT，可以将其他平台中的LUT应用到视频中，使画面变得更有电影感，如图6-2所示。

如果我们规定：
当原始R值为0时，输出R值为5；
当原始R值为1时，输出R值为6；
当原始R值为2时，输出R值为8；
当原始R值为3时，输出R值为10；

一直到R值为255
当原始G值为0时，输出G值为10；
当原始G值为1时，输出G值为12；
当原始G值为2时，输出G值为13；
当原始G值为3时，输出G值为15；

一直到G值为255
当原始B值为0时，输出B值为0；
当原始B值为1时，输出B值为0；
当原始B值为2时，输出B值为1；
当原始B值为3时，输出B值为1；

一直到B值为255

图6-1 LUT模型

图6-2 应用LUT前后的画面对比

6.1.2 LUT的格式

目前，应用最多的LUT格式主要有3D LUT和1D LUT，不管是什么格式，它们的主要作用都是校准、技术转换和创意。校准主要是修正显示器不准确的问题，从而确保显示器能够显示准确的图像；技术转换主要用在单反和摄像机中，用来还原色彩；创意主要为风格化调色，也就是和滤镜一样的作用。

LUT主要来源于厂商和部分商业性的网站，主要的格式有：3DL、cube、CSP、ICC配置文件。在剪映中应用最多的LUT格式是cube，由于设备的差异，格式表现也会有所不同。

6.2 在剪映中添加LUT

在部分调色网站中可以下载LUT文件，下载到电脑中以后，把LUT文件导入剪映，就可以应用LUT工具进行调色了。

6.2.1 导入LUT文件

下载LUT文件后，需要先将其导入剪映软件。下面将介绍导入LUT文件的具体方法。

教学视频

STEP 01 ❶在剪映中单击"调节"按钮；❷切换至LUT选项卡；❸单击"导入LUT"按钮，如图6-3所示。

STEP 02 ❶在弹出的对话框中选择lut文件夹；❷单击"打开"按钮，打开该文件夹，如图6-4所示。

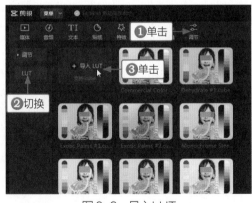

图6-3　导入LUT

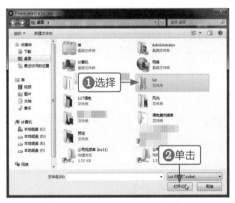

图6-4　选择并打开lut文件夹

STEP 03 ❶选择The LUT Bundle文件夹；❷单击"打开"按钮，如图6-5所示。

STEP 04 ❶选择@notjvck文件夹；❷单击"打开"按钮，如图6-6所示。

图6-5　选择The LUT Bundle文件夹并打开

图6-6　选择@notjvck文件夹并打开

STEP 05 ❶全选文件夹中的文件；❷单击"打开"按钮，如图6-7所示。

STEP 06 导入成功后，即可在LUT选项卡中查看导入的LUT文件，如图6-8所示。

图6-7　全选文件并打开

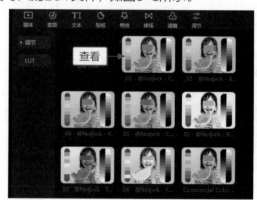

图6-8　查看导入的LUT文件

6.2.2 应用LUT工具

LUT工具能够快速渲染图像的色彩，提升图像的质感。下面将介绍如何应用
LUT工具。

教学视频

STEP 01 在剪映中，将素材导入"本地"选项卡中，单击素材右下角的➕按钮，
把素材添加到视频轨道中，如图6-9所示。

STEP 02 ❶在剪映中单击"调节"按钮；❷切换至LUT选项卡；❸单击01 - @Notjvck -
Colour lut右下角的➕按钮，应用LUT，如图6-10所示。

STEP 03 拖曳滑块，设置"强度"参数为90，微微调整画面的色彩，如图6-11所示。

STEP 04 调色完成之后，预览画面前后对比效果，如图6-12所示。可以看到，应用LUT工具
之后，杂乱的色彩变得统一了，增强了色彩的冷暖对比，图像也更有质感。

图6-9　添加视频素材到视频轨道

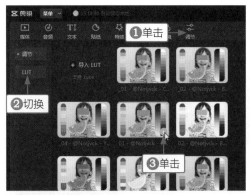

图6-10　添加LUT应用

图6-11　设置"强度"参数

图6-12　预览画面前后对比效果

6.3 利用LUT渲染色彩

　　LUT比滤镜更突出的优势在于，应用LUT后还可以调整它的色彩、明度和效果，从而达到理想的画面效果。下面将介绍如何利用LUT渲染色彩。

6.3.1 渲染蓝灰色调

　　【效果说明】：蓝灰色调是非常有高级感的颜色，它能将蓝色的清澈和灰色的深沉中和起来，气质沉静简约，非常有质感，适合用在

案例效果　　教学视频

表现现代建筑的视频中。渲染蓝灰色调的原图与效果对比，如图6-13所示。

图6-13　渲染蓝灰色调的原图与效果对比

STEP 01 在剪映中，将视频素材导入"本地"选项卡中，单击视频素材右下角的⊕按钮，把素材添加到视频轨道中，如图6-14所示。

STEP 02 ❶拖曳时间指示器至视频00:00:01:24的位置；❷单击"分割"按钮，如图6-15所示。

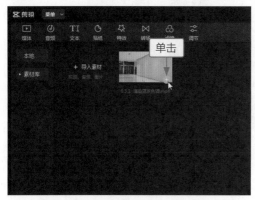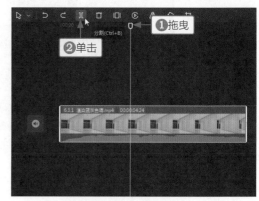

图6-14　添加视频素材到视频轨道　　　　　　图6-15　分割视频

STEP 03 ❶在剪映中单击"调节"按钮；❷切换至LUT选项卡；❸单击allie michelle 3.cube右下角的⊕按钮，应用LUT，如图6-16所示。

STEP 04 在时间线面板中生成一条"调节1"轨道，即为成功应用LUT，如图6-17所示。

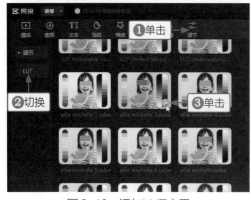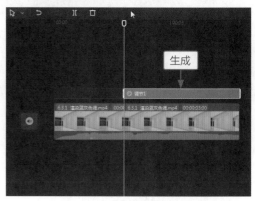

图6-16　添加LUT应用　　　　　　图6-17　生成"调节1"轨道

STEP 05 在"调节"面板中拖曳滑块,设置"色温"参数为-40,调整LUT的色温值,让画面偏蓝灰色,如图6-18所示。

STEP 06 ❶单击"特效"按钮;❷单击"变清晰"特效右下角的⊕按钮,如图6-19所示。

STEP 07 调整"变清晰"特效的时长,对齐视频分

图6-18 设置"色温"参数

割的位置,如图6-20所示。操作完成后,即可渲染蓝灰色调。

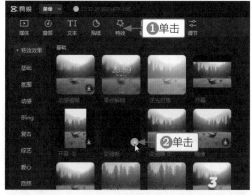

图6-19 添加"变清晰"特效

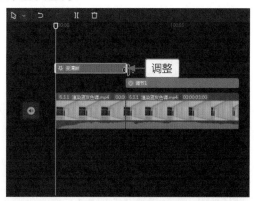

图6-20 调整"变清晰"特效的时长

6.3.2 渲染蓝黄色调

案例效果　教学视频

【效果说明】:清澈的天蓝色和明媚的黄色结合起来就是蓝黄色调,这个色调不仅非常亮眼,而且色彩淡雅,给人温暖治愈的感觉。蓝黄色调适合场景中带有黄色或者橙色物体的视频,比如黄色的房子或者黄色的灯牌。渲染蓝黄色调的原图与效果对比,如图6-21所示。

STEP 01 在剪映中,将视频素材导入"本地"选项卡中,单击视频素材右下角的⊕按钮,把素材添加到视频轨道中,如图6-22所示。

STEP 02 ❶拖曳时间指示器至视频00:00:01:15的位置;❷单击"分割"按钮Ⅱ,如图6-23所示。

图6-21 渲染蓝黄色调的原图与效果对比

图 6-22　添加视频素材到视频轨道

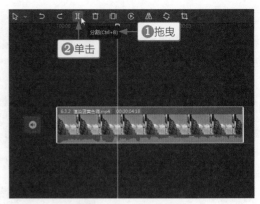

图 6-23　分割视频

STEP 03 ❶在剪映中单击"调节"按钮；❷切换至LUT选项卡；❸单击MOA_3.cube右下角的➕按钮，应用LUT，如图6-24所示。

STEP 04 在时间线面板中调整"调节1"的时长，使其对齐视频素材的末尾位置，如图6-25所示。

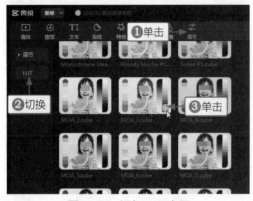

图 6-24　添加LUT应用

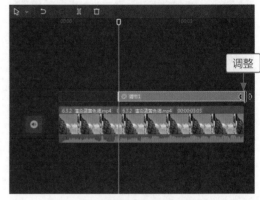

图 6-25　调整"调节1"的时长

STEP 05 在"调节"面板中拖曳滑块，设置"高光"参数为-50，降低LUT中的高光值，如图6-26所示。

STEP 06 选择第二段视频素材，❶单击"调节"按钮；❷拖曳滑块，设置"对比度"参数为11、"高光"参数为25、"阴影"参数为45、"光感"参数为19，让暗沉的画面变得通透，如图6-27所示。

图 6-26　设置"高光"参数

图6-27 设置参数使画面变得通透

STEP 07 拖曳滑块,设置"色温"参数为4、"色调"参数为-7、"饱和度"参数为7,微微调整画面中的色彩,如图6-28所示。

图6-28 设置参数调整画面色彩

STEP 08 ❶切换至HSL选项卡;❷选择红色选项◯;❸拖曳滑块,设置"色相"参数为92、"亮度"参数为33,调整画面中的红色色彩,如图6-29所示。

图6-29 设置参数调整画面中的红色色彩

STEP 09 ❶选择橙色选项
◎；❷拖曳滑块，设置
"色相"参数为88、"饱
和度"参数为66、"亮
度"参数为32，让画面中
的橙色变成黄色，如
图6-30所示。

图6-30 设置参数让画面中的橙色变成黄色

STEP 10 ❶选择黄色选
项◎；❷拖曳滑块，设
置"色相"参数为-37、
"饱和度"参数为100、
"亮度"参数为38，增
强画面中的黄色色彩，如
图6-31所示。

图6-31 设置参数增强画面中的黄色色彩

STEP 11 ❶选择绿色选
项◎；❷拖曳滑块，设
置"色相"参数为-33、
"饱和度"参数为-43，
让黄色变淡一些，如
图6-32所示。

图6-32 设置参数淡化画面中的黄色

STEP 12 ❶选择青色选项◎；❷拖曳滑块，设置"色相"参数为41、"饱和度"参数为17、
"亮度"参数为-48，调整画面中天空的颜色，如图6-33所示。

图6-33　设置参数调整画面中天空的颜色

STEP 13 ❶选择蓝色选项◎；❷拖曳滑块，设置"色相"参数为-31、"饱和度"参数为3、"亮度"参数为17，让天空的色彩偏天蓝色，如图6-34所示。

图6-34　设置参数让天空的色彩偏天蓝色

STEP 14 ❶设置画面比例为9:16；❷单击"画面"按钮；❸切换至"背景"选项卡；❹在"背景填充"面板中选择第四个模糊样式；❺单击"应用到全部"按钮，如图6-35所示。

图6-35　设置背景色并应用到全部视频

STEP 15 ❶单击"特效"按钮；❷单击"变清晰"特效右下角的➕按钮，如图6-36所示。

STEP 16 调整"变清晰"特效的时长，对齐视频分割的位置，如图6-37所示。

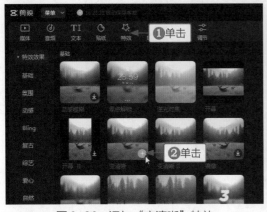

图6-36　添加"变清晰"特效

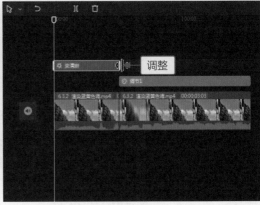

图6-37　调整"变清晰"特效的时长

STEP 17 ❶切换至"氛围"选项卡；❷单击"金粉"特效右下角的➕按钮，如图6-38所示。

STEP 18 调整"金粉"特效的时长，对齐视频素材的末尾位置，如图6-39所示。操作完成后，即可渲染蓝黄色调。

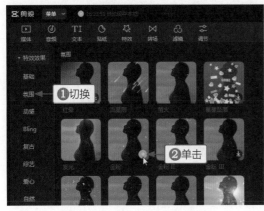

图6-38　添加"金粉"特效

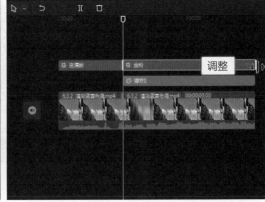

图6-39　调整"金粉"特效的时长

知识导读

　　风光视频是很常见的一种视频类型，由于场景的不同，调色需求也各不相同。本章主要介绍八类风光视频的调色方法，主要有蓝天白云调色、夕阳天空调色、梦幻山谷调色、田园风光调色、海景调色、绿树调色、荷花调色，以及油菜花调色。

7
CHAPTER

第7章

风光视频调色

本章重点索引

　　■▶ 天空调色

　　■▶ 风光调色

　　■▶ 植物调色

效果欣赏

7.1 天空调色

由于日夜的转换及天气的变换，天空的色彩也在不断变化，白天时的蓝天白云让天空最耀眼，傍晚时的夕阳使天空更浪漫。由于光线的差异，以及拍摄设备的功能不同，会影响图像的效果，想要天空展现出最佳色彩就需要进一步调色。

7.1.1 蓝天白云调色

【效果说明】：由于光线比较强的原因，蓝天白云的画面拍出来的色彩比较暗淡，出现曝光过度或者饱和度不高的情况。这时就需要进行调色，让天空的色彩变成天蓝色，有了蓝色的对比能让云朵更白，显现出蓝白对比的画面，这样能让天空看起来更加纯净，使风景更加迷人。蓝天白云调色的原图与效果对比，如图7-1所示。

案例效果

教学视频

图7-1　蓝天白云调色的原图与效果对比

STEP 01　在剪映中，将视频素材导入"本地"选项卡中，单击视频素材右下角的 + 按钮，把素材添加到视频轨道中，如图7-2所示。

STEP 02　❶单击"滤镜"按钮；❷在"精选"选项卡中，单击"普林斯顿"滤镜右下角的 + 按钮，添加"普林斯顿"滤镜，如图7-3所示。

图7-2　添加视频素材到视频轨道

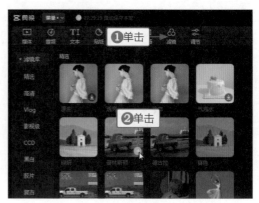

图7-3　添加"普林斯顿"滤镜

STEP 03　添加滤镜后，可以发现天空的饱和度过高，细节部分的色彩也不够突出。这时可以调整滤镜的参数，拖曳滑块，设置"滤镜强度"参数为70，降低滤镜的强度，如图7-4所示。

图7-4 设置"滤镜强度"参数

STEP 04 ❶单击"调节"按钮；❷单击"自定义调节"右下角的 ⊕ 按钮，如图7-5所示。

STEP 05 添加"调节1"轨道，用来调整视频的色彩参数。调整"调节1"和"普林斯顿"滤镜的时长，使其对齐视频素材的时长，如图7-6所示。

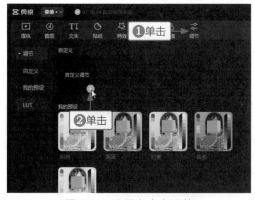

图7-5 设置自定义调节

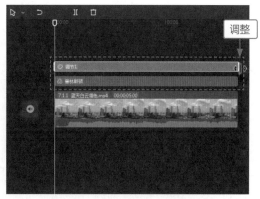

图7-6 调整时长对齐视频素材

STEP 06 在"调节"面板中拖曳滑块，设置"亮度"参数为-5、"对比度"参数为7、"高光"参数为10、"阴影"参数为9、"光感"参数为4，微调画面，降低曝光，如图7-7所示。

STEP 07 拖曳滑块，设置"色温"参数为12、"色调"参数为13、"饱和度"参数为8，降低画面中的色彩饱和度，如图7-8所示。

图7-7 设置参数降低曝光

图7-8　设置参数降低色彩饱和度

STEP 08 ❶切换至HSL选项卡；❷选择红色选项◯；❸拖曳滑块，设置"色相"参数为23，调整画面中建筑的红色色彩，如图7-9所示。

图7-9　设置参数调整画面中建筑的红色色彩

STEP 09 ❶选择橙色选项◯；❷拖曳滑块，设置"色相"参数为28，调整画面中建筑的橙色色彩，如图7-10所示。

图7-10　设置参数调整画面中建筑的橙色色彩

STEP 10 ❶选择黄色选项 ◎；❷拖曳滑块，设置"色相"参数为33，调整画面中建筑的黄色色彩，如图7-11所示。

图7-11 设置参数调整画面中建筑的黄色色彩

STEP 11 ❶选择绿色选项◎；❷拖曳滑块，设置"色相"参数为24、"饱和度"参数为25，调整画面中植物的颜色，如图7-12所示。

图7-12 设置参数调整画面中植物的颜色

STEP 12 ❶选择青色选项◎；❷拖曳滑块，设置"色相"参数为13、"饱和度"参数为17、"亮度"参数为24，调整画面中天空的颜色，如图7-13所示。

图7-13 设置参数调整画面中天空的颜色

STEP 13 ❶选择蓝色选项◎；❷拖曳滑块，设置"色相"参数为-100、"饱和度"参数为4、"亮度"参数为14，降低蓝色色相，让天空的色彩偏天蓝色，如图7-14所示。

图7-14　设置参数降低天空的蓝色色相

STEP 14 ❶选择紫色选项◯；❷拖曳滑块，设置"色相"参数为20、"饱和度"参数为24，让天蓝色的效果更加明显，如图7-15所示。

图7-15　设置参数让天蓝色的效果更明显

STEP 15 ❶选择洋红色选项◯；❷拖曳滑块，设置"色相"参数为23、"饱和度"参数为57，提高画面纯度，增加蓝白对比，如图7-16所示。上述操作完成后，即为调色成功。

图7-16　设置参数增加蓝白对比

7.1.2　夕阳天空调色

【效果说明】：夕阳的色彩一般都是橙红色，就如同火把的颜色，嫣红又绚烂。对夕阳的画面进行调色，重点是突出画面中的橙红色。夕阳天空调色的原图与效果对比，如图7-17所示。

案例效果

教学视频

图7-17　夕阳天空调色的原图与效果对比

STEP 01 在剪映中，单击素材右下角的 + 按钮，把素材添加到视频轨道中，如图7-18所示。

STEP 02 ❶单击"滤镜"按钮；❷切换至"风景"选项卡；❸单击"橘光"滤镜右下角的 + 按钮，如图7-19所示。

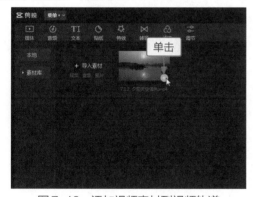

图7-18　添加视频素材到视频轨道

图7-19　添加"橘光"滤镜

STEP 03 ❶单击"调节"按钮；❷单击"自定义调节"右下角的 + 按钮，如图7-20所示。

STEP 04 添加"调节1"轨道，用来调整视频的色彩参数。调整"调节1"和"橘光"滤镜的时长，对齐视频素材的时长，如图7-21所示。

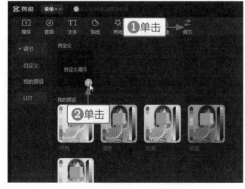

图7-20　设置自定义调节

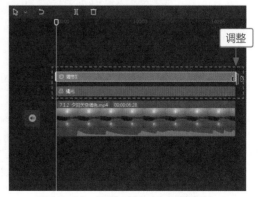

图7-21　调整时长对齐视频素材

STEP 05 在"调节"面板中拖曳滑块,设置"亮度"参数为-10、"对比度"参数为8、"高光"参数为6、"阴影"参数为9、"光感"参数为-8,降低曝光,如图7-22所示。

图7-22 设置参数降低曝光

STEP 06 在"调节"面板中拖曳滑块,设置"色温"参数为4、"色调"参数为-7,"饱和度"参数为5,让夕阳色彩变得通透,如图7-23所示。

图7-23 设置参数让夕阳色彩变得通透

STEP 07 ①切换至HSL选项卡;②选择红色选项⊙;③拖曳滑块,设置"饱和度"参数为38,提高画面中红色色彩的浓度,如图7-24所示。

图7-24 设置参数提高画面中红色色彩的浓度

STEP 08 ❶选择橙色选项◯；❷拖曳滑块，设置"饱和度"参数为35，提高画面中橙色色彩的浓度，如图7-25所示。

图7-25　设置参数提高画面中橙色色彩的浓度

STEP 09 ❶选择黄色选项◯；❷拖曳滑块，设置"色相"参数为-100、"亮度"参数为-22，让画面中的橙红色更加突出，如图7-26所示。上述操作完成后，即为调色成功。

图7-26　设置参数让画面中的橙红色更突出

　　在调色之前必须清楚画面中需要什么颜色，才能"对症下药"，可以通过添加滤镜快速给画面定色。

7.2 风光调色

　　在户外拍摄风光视频时，经常会受到光线的影响，导致画面暗淡，难以产生让人震撼的视觉感受，因此后期调色处理必不可少。本节主要介绍如何为山谷、田园及海景视频调色。

7.2.1 梦幻山谷调色

【效果说明】：山谷中的风景一般都特别漂亮，然而由于光线的原因，拍出来的画面可能颜色不够鲜艳，细节也不突出，整体效果平平无奇，这时需要后期调色，让画面中的植被和建筑恢复色彩。梦幻山谷调色的原图与效果对比，如图7-27所示。

案例效果　　教学视频

图7-27　梦幻山谷调色的原图与效果对比

STEP 01 在剪映中，将视频素材导入"本地"选项卡中，单击视频素材右下角的 ⊕ 按钮，把素材添加到视频轨道中，如图7-28所示。

STEP 02 ❶拖曳时间指示器至视频00:00:01:21的位置；❷单击"分割"按钮 ，如图7-29所示。

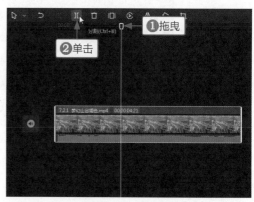

图7-28　添加视频素材到视频轨道　　　　　图7-29　分割视频

STEP 03 ❶单击"调节"按钮；❷单击"自定义调节"右下角的 ⊕ 按钮，如图7-30所示，

STEP 04 在时间线面板中生成"调节1"轨道，用来调整视频画面的色彩参数，如图7-31所示。

STEP 05 在"调节"面板中拖曳滑块，设置"亮度"参数为4、"对比度"参数为18、"高光"参数为-15、"光感"参数为-10，降低曝光，增强画面色彩的对比度，如图7-32所示。

STEP 06 ❶切换至HSL选项卡；❷选择红色选项 ；❸拖曳滑块，设置"色相"参数为100、"饱和度"参数为100、"亮度"参数为39，提亮画面中红色物体的色彩，如图7-33所示。

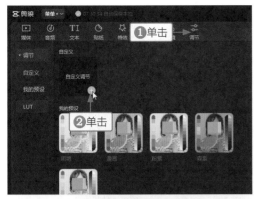

图 7-30　设置自定义调节

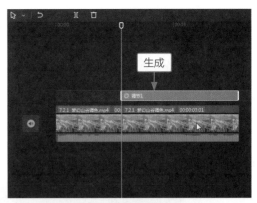

图 7-31　生成"调节1"轨道

图 7-32　设置参数增强画面色彩对比度

图 7-33　设置参数提亮画面中红色物体的色彩

STEP 07 ❶选择橙色选项◯；❷拖曳滑块，设置"色相"参数为49、"饱和度"参数为56，让褐色的树变黄，如图7-34所示。

STEP 08 ❶选择黄色选项◯；❷拖曳滑块，设置"色相"参数为25、"饱和度"参数为36，让枯草变成嫩黄色，如图7-35所示。

图 7-34　设置参数让褐色的树变黄

图 7-35　设置参数让枯草变成嫩黄色

STEP 09 ❶选择绿色选项◯；❷拖曳滑块，设置"色相"参数为46、"饱和度"参数为54，让绿树更加绿，如图7-36所示。

图 7-36　设置参数让绿树更绿

STEP 10 ❶选择青色选项◯；❷拖曳滑块，设置"色相"参数为41、"饱和度"参数为30、"亮度"参数为20，调整画面中的青色色彩，如图7-37所示。

图7-37 设置参数调整画面中的青色色彩

STEP 11 ❶选择蓝色选项◯；❷拖曳滑块，设置"色相"参数为-37、"饱和度"参数为40、"亮度"参数为25，调整画面中的蓝色色彩，如图7-38所示。

图7-38 设置参数调整画面中的蓝色色彩

STEP 12 ❶选择紫色选项◯；❷拖曳滑块，设置"色相"参数为32，调整画面中细节的色彩，如图7-39所示。

图7-39 设置参数调整画面中细节的色彩

STEP 13 ❶选择洋红色选项◎；❷拖曳滑块，设置"色相"参数为100，让画面更加梦幻，如图7-40所示。

STEP 14 ❶单击"特效"按钮；❷单击"变清晰"特效右下角的➕按钮，如图7-41所示。

STEP 15 调整"变清晰"特效的时长，对齐视频的分割位置，如图7-42所示。

图7-40 设置参数让画面更加梦幻

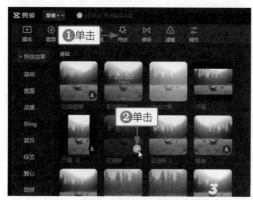

图7-41 添加"变清晰"特效

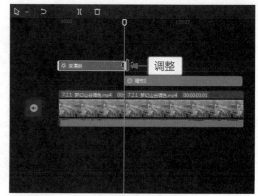

图7-42 调整"变清晰"特效的时长

STEP 16 ❶切换至"氛围"选项卡；❷单击"星火"特效右下角的➕按钮，给视频添加特效，如图7-43所示，

STEP 17 调整"星火"特效的时长，对齐视频素材的末尾位置，如图7-44所示。上述操作完成后，即为调色成功。

图7-43 添加"星火"特效

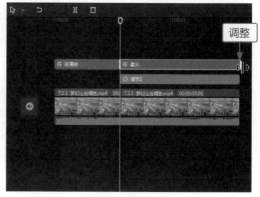

图7-44 调整"星火"特效的时长

7.2.2　田园风光调色

【效果说明】：拍摄田园风光时，设备直出的视频画面一般色彩都不够理想，因此需要后期调色，把亮点显现出来。田园风光类的视频，树和天空是重点调色对象，用靓丽的色彩凸显安逸闲适的田园景色。田园风光调色的原图与效果对比，如图7-45所示。

案例效果　　教学视频

图7-45　田园风光调色的原图与效果对比

STEP 01 在剪映中，将视频素材导入"本地"选项卡中，单击视频素材右下角的+按钮，把素材添加到视频轨道中，如图7-46所示。

STEP 02 ❶单击"调节"按钮；❷单击"自定义调节"右下角的+按钮，如图7-47所示。

 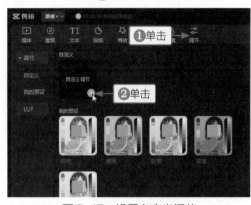

图7-46　添加视频素材到视频轨道　　　　图7-47　设置自定义调节

STEP 03 添加"调节1"轨道，用来调整视频的色彩参数。调整"调节1"轨道的时长，对齐视频素材的时长，如图7-48所示。

STEP 04 在"调节"面板中拖曳滑块，设置"亮度"参数为-7、"对比度"参数为8、"阴影"参数为4、"光感"参数为-12、"锐化"参数为4，降低画面的曝光度，如图7-49所示。

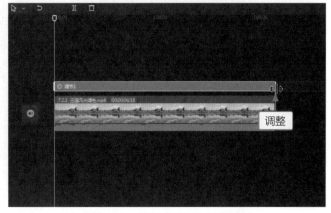

图7-48　调整时长对齐视频素材

图7-49　设置参数降低画面曝光度

STEP 05 ❶切换至HSL选项卡；❷选择红色选项◎；❸拖曳滑块，设置"色相"参数为23，调整画面中的红色色彩，如图7-50所示。

图7-50　设置参数调整画面中的红色色彩

STEP 06 ❶选择橙色选项◎；❷拖曳滑块，设置"色相"参数为28、"饱和度"参数为11，调整画面中的橙色色彩，如图7-51所示。

图7-51　设置参数调整画面中的橙色色彩

STEP 07 ❶选择黄色选项⭕；❷拖曳滑块，设置"色相"参数为14、"饱和度"参数为8，调整画面中的黄色色彩，如图7-52所示。

图7-52 设置参数调整画面中的黄色色彩

STEP 08 ❶选择绿色选项⭕；❷拖曳滑块，设置"色相"参数为8、"饱和度"参数为9，微调画面中植物的色彩，如图7-53所示。

图7-53 设置参数微调画面中植物的色彩

STEP 09 ❶选择青色选项⭕；❷拖曳滑块，设置"色相"参数为100、"饱和度"参数为41，调整画面中天空的颜色，如图7-54所示。

图7-54 设置参数调整画面中天空的颜色

STEP 10 ❶选择蓝色选项⭕；❷拖曳滑块，设置"色相"参数为-61、"饱和度"参数为23，降低蓝色色相，让天空的色彩偏天蓝色，如图7-55所示。

图7-55　设置参数降低蓝色色相

STEP 11 ❶选择紫色选项◯；❷拖曳滑块，设置"色相"参数为−24、"饱和度"参数为44，让天蓝色的效果更加明显，如图7-56所示。

图7-56　设置参数让天蓝色的效果更加明显

STEP 12 ❶选择洋红色选项◯；❷拖曳滑块，设置"色相"参数为23、"饱和度"参数为24，提高画面纯度，如图7-57所示。上述操作完成后，即为调色成功。

图7-57　设置参数提高画面纯度

7.2.3 海景调色

【效果说明】：大海和天空一样，都是宽广而清澈的，清澈湛蓝的海水最能体现大海的美，因此大海的调色需要提高蓝色的饱和度。海景调色的原图与效果对比，如图7-58所示。

案例效果

教学视频

图7-58　海景调色的原图与效果对比

STEP 01 在剪映中，将视频素材导入"本地"选项卡中，单击视频素材右下角的⊕按钮，把素材添加到视频轨道中，如图7-59所示。

STEP 02 ❶单击"调节"按钮；❷单击"自定义调节"右下角的⊕按钮，如图7-60所示。

图7-59　添加视频素材到视频轨道

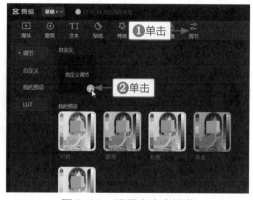

图7-60　设置自定义调节

STEP 03 添加"调节1"轨道，用来调整视频的色彩参数。调整"调节1"的时长，对齐视频素材的时长，如图7-61所示。

STEP 04 在"调节"面板中拖曳滑块，设置"色温"参数为-6、"色调"参数为8、"饱和度"参数为8，微微调整画面的色彩，如图7-62所示。

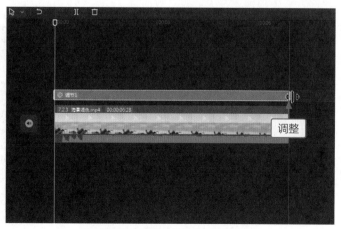

图7-61　调整时长对齐视频素材

图7-62　设置参数微调画面色彩

STEP 05 ❶切换至HSL选项卡；❷选择红色选项◯；❸拖曳滑块，设置"色相"参数为14、"饱和度"参数为28，调整画面中的红色色彩，如图7-63所示。

图7-63　设置参数调整画面中的红色色彩

STEP 06 ❶选择橙色选项◯；❷拖曳滑块，设置"色相"参数为23、"饱和度"参数为30，调整画面中遮阳伞的色彩，如图7-64所示。

图7-64　设置参数调整画面中遮阳伞的色彩

STEP 07 ①选择绿色选项◎；②拖曳滑块，设置"色相"参数为25、"饱和度"参数为29，调整画面中植物的色彩，如图7-65所示。

图7-65　设置参数调整画面中植物的色彩

STEP 08 ①选择青色选项◎；②拖曳滑块，设置"色相"参数为33、"饱和度"参数为18，微调画面中大海的色彩，如图7-66所示。

图7-66　设置参数微调画面中大海的色彩

STEP 09 ①选择蓝色选项◎；②拖曳滑块，设置"色相"参数为-27、"饱和度"参数为15，让海水的颜色变浅，如图7-67所示。

图7-67　设置参数让海水颜色变浅

STEP 10 ①选择紫色选项◎；②拖曳滑块，设置"色相"参数为-56、"饱和度"参数为-58，让海水的色彩偏天蓝色，如图7-68所示。

STEP 11 ①选择洋红色选项◎；②拖曳滑块，设置"色相"参数为-82、"饱和度"参数为-100，让天蓝色的效果更加明显，如图7-69所示。上述操作完成后，即为调色成功。

图7-68　设置参数让海水的色彩偏天蓝色

图7-69　设置参数让天蓝色的效果更加明显

7.3 植物调色

　　绿树和花朵等植物是生活中较常见的，对于这类视频的调色需求也很多，因此调色方法必须要简单实用，能展现这些植物的缤纷色彩。本节将介绍绿树、荷花、油菜花等植物类视频的调色方法。

7.3.1 绿树调色

　　【效果说明】：苍翠的绿树十分好看，绿树调色的要旨就是展现视频中绿油油的叶子颜色。绿树调色的原图与效果对比，如图7-70所示。

案例效果

教学视频

STEP 01 在剪映中，将视频素材导入"本地"选项卡中，单击视频素材右下角的⊕按钮，把素材添加到视频轨道中，如图7-71所示。

STEP 02 ❶拖曳时间指示器至视频00:00:01:24的位置；❷单击"分割"按钮，如图7-72所示。

图7-70 绿树调色的原图与效果对比

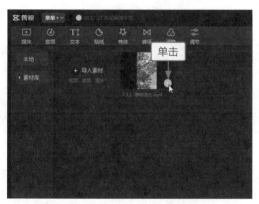

图7-71 添加视频素材到视频轨道

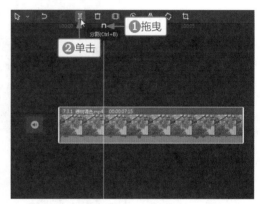

图7-72 分割视频

STEP 03 ❶单击"调节"按钮；❷单击"自定义调节"右下角的➕按钮，如图7-73所示。

STEP 04 添加"调节1"轨道，用来调整视频的色彩参数。调整"调节1"的时长，对齐视频素材的时长，如图7-74所示。

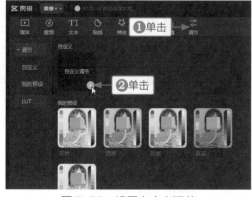

图7-73 设置自定义调节

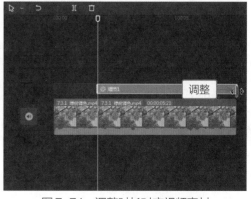

图7-74 调整时长对齐视频素材

STEP 05 ❶切换至HSL
选项卡；❷选择黄色选项
◎；❸拖曳滑块，设置
"色相"参数为44、"饱
和度"参数为20，让黄色
的叶子变绿，如图7-75
所示。

图7-75　设置参数让黄色的叶子变绿

STEP 06 ❶选择绿色选项
◎；❷拖曳滑块，设置
"色相"参数为59、"饱
和度"参数为62、"亮
度"参数为6，让叶子
变成翠绿色，如图7-76
所示。

图7-76　设置参数让叶子变成翠绿色

STEP 07 ❶选择青色选项
◎；❷拖曳滑块，设置
"色相"参数为19、"饱
和度"参数为36，稍微降
低画面中色彩的饱和度，
如图7-77所示。

图7-77　设置参数降低画面中色彩的饱和度

STEP 08 ❶选择蓝色选项◎；❷拖曳滑块，设置"色相"参数为20、"饱和度"参数为32，
调整画面中天空的颜色，如图7-78所示。

STEP 09 ❶选择紫色选项◎；❷拖曳滑块，设置"色相"参数为97、"饱和度"参数为
100，调整画面中的色彩，如图7-79所示。

图7-78 设置参数调整画面中天空的颜色

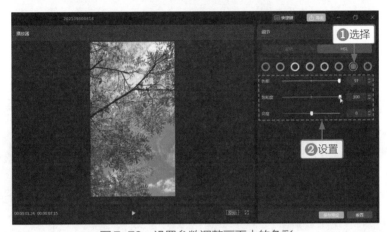

图7-79 设置参数调整画面中的色彩

STEP 10 ❶选择洋红色选项◯；❷拖曳滑块，设置"色相"参数为100、"饱和度"参数为100，让画面色彩更自然，如图7-80所示。

图7-80 设置参数让画面色彩更自然

STEP 11 ❶单击"特效"按钮；❷单击"变清晰"特效右下角的➕按钮，添加特效，如图7-81所示。

STEP 12 调整"变清晰"特效的时长，对齐视频分割的位置，如图7-82所示。

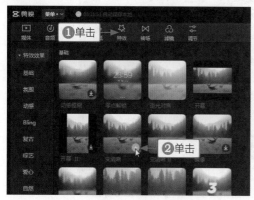

图7-81　添加"变清晰"特效

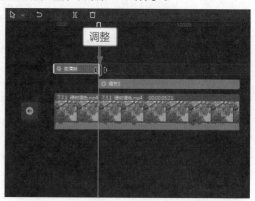

图7-82　调整"变清晰"特效的时长

STEP 13 ①单击"贴纸"按钮；②切换至"季节"选项卡；③单击"舒服"贴纸右下角的⊕按钮，添加贴纸，如图7-83所示。

STEP 14 ①切换至"氛围"选项卡；②单击所选贴纸右下角的⊕按钮，添加第二款贴纸，如图7-84所示。

图7-83　添加"舒服"贴纸

图7-84　添加第二款贴纸

STEP 15 调整两段贴纸的时长，使其对齐视频素材的末尾位置，如图7-85所示。上述操作完成后，即为调色成功。

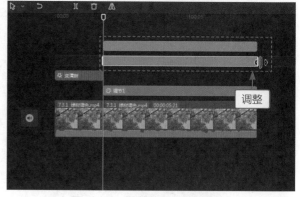

图7-85　调整两段贴纸的时长

7.3.2　荷花调色

【效果说明】：在光线不足的情况下拍摄的荷花色彩暗淡，无法显示出其出淤泥而不染的美，因此在后期调色时要注重调出其对比

案例效果

教学视频

性，用翠绿的叶子衬托亭亭玉立的荷花，才能产生令观众惊艳的效果。荷花调色的原图与效果对比，如图7-86所示。

图7-86 荷花调色的原图与效果对比

STEP 01 在剪映中，将视频素材导入"本地"选项卡中，单击视频素材右下角的 + 按钮，把素材添加到视频轨道中，如图7-87所示。

STEP 02 ❶拖曳时间指示器至视频00:00:01:20的位置；❷单击"分割"按钮 Ⅱ，如图7-88所示。

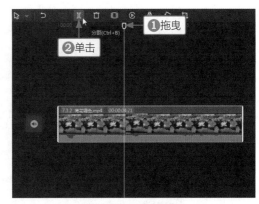

图7-87 添加视频素材到视频轨道   图7-88 分割视频

STEP 03 ❶单击"调节"按钮；❷单击"自定义调节"右下角的 + 按钮，如图7-89所示。

STEP 04 添加"调节1"轨道，用来调整视频的色彩参数。调整"调节1"的时长，对齐视频素材的时长，如图7-90所示。

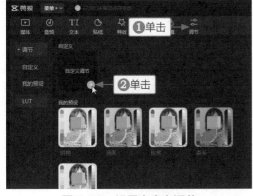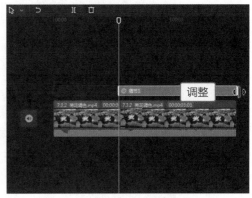

图7-89 设置自定义调节   图7-90 调整时长对齐视频素材

STEP 05 在"调节"面板中拖曳滑块,设置"亮度"参数为9、"对比度"参数为12、"光感"参数为-17,调整画面的明度,如图7-91所示。

图7-91　设置参数调整画面的明度

STEP 06 在"调节"面板中拖曳滑块,设置"色温"参数为-6、"色调"参数为6,"饱和度"参数为8,微微调整画面的色彩,如图7-92所示。

图7-92　设置参数微调画面的色彩

STEP 07 ①切换至HSL选项卡;②选择红色选项◯;③拖曳滑块,设置"色相"参数为15、"饱和度"参数为13,调整荷花的红色色彩,如图7-93所示。

图7-93　设置参数调整荷花的红色色彩

STEP 08 ❶选择橙色选项◯；❷拖曳滑块，设置"色相"参数为15、"饱和度"参数为11，调整荷花的橙色色彩，如图7-94所示。

图7-94 设置参数调整荷花的橙色色彩

STEP 09 ❶选择绿色选项◯；❷拖曳滑块，设置"色相"参数为27、"饱和度"参数为23、"亮度"参数为22，让荷叶的颜色变得更翠绿，如图7-95所示。

图7-95 设置参数调整荷叶的颜色

STEP 10 ❶选择青色选项◯；❷拖曳滑块，设置"色相"参数为-34、"亮度"参数为-18，微微调整画面中的青色色彩，如图7-96所示。

图7-96 设置参数微调画面中的青色色彩

STEP 11 ❶选择蓝色选项 ◎;❷拖曳滑块,设置 "色相"参数为-21、"饱 和度"参数为-13、"亮 度"参数为-26,微微调整 画面中的蓝色色彩,如 图7-97所示。

图7-97 设置参数微调画面中的蓝色色彩

STEP 12 ❶选择紫色选 项◎;❷拖曳滑块,设置 "色相"参数为30、"饱 和度"参数为17、"亮 度"参数为-17,微微调 整画面中的紫色色彩,如 图7-98所示。

图7-98 设置参数微调画面中的紫色色彩

STEP 13 ❶选择洋红色选项 ◎;❷拖曳滑块,设置"色 相"参数为51、"饱和 度"参数为35、"亮度" 参数为13,让荷花的颜色 更艳丽,如图7-99所示。

图7-99 设置参数让荷花的颜色更艳丽

STEP 14 ❶单击"特效"按钮;❷单击"变清晰"特效右下角的⊕按钮,添加特效,如 图7-100所示。

STEP 15 调整"变清晰"特效的时长,对齐视频分割的位置,如图7-101所示。

STEP 16 ❶切换至"自然"选项卡;❷单击"花瓣飞扬"特效右下角的⊕按钮,添加花瓣特 效,如图7-102所示。

STEP **17** 调整"花瓣飞扬"特效的时长，对齐视频素材的末尾位置，如图7-103所示。上述操作完成后，即为调色成功。

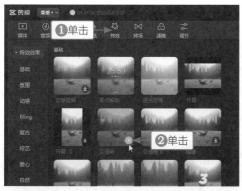

图7-100 添加"变清晰"特效

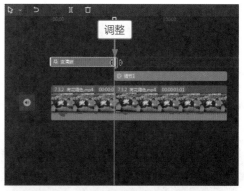

图7-101 调整"变清晰"特效的时长

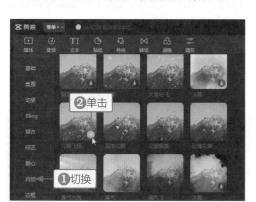

图7-102 添加"花瓣飞扬"特效

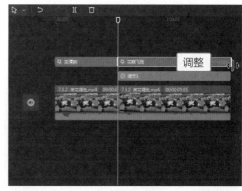

图7-103 调整"花瓣飞扬"特效的时长

7.3.3 油菜花调色

【效果说明】：春天里，金黄色的油菜花和碧绿的叶子是最美的风景。把握油菜花的特点，才能调出其绚丽的姿色。油菜花调色的原图与效果对比，如图7-104所示。

STEP **01** 在剪映中，将视频素材导入"本地"选项卡中，单击视频素材右下角的 ➕ 按钮，把素材添加到视频轨道中，如图7-105所示。

STEP **02** 拖曳时间指示器至视频00:00:01:24的位置，如图7-106所示。

STEP **03** ❶单击"调节"按钮；❷单击"自定义调节"右下角的 ➕ 按钮，如

案例效果　教学视频

图7-104 油菜花调色的原图与效果对比

图7-107所示。

STEP 04 添加"调节1"轨道，用来调整视频的色彩参数。调整"调节1"的时长，对齐视频素材的时长，如图7-108所示。

图7-105 添加视频素材到视频轨道

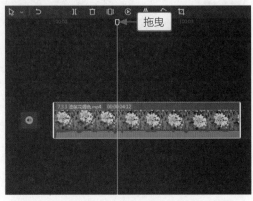

图7-106 拖曳时间指示器至相应的位置

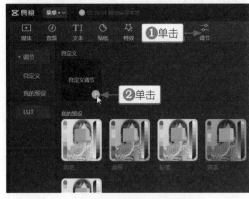

图7-107 设置自定义调节

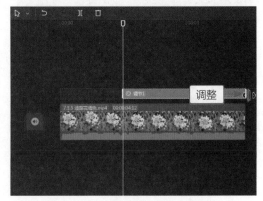

图7-108 调整时长对齐视频素材

STEP 05 在"调节"面板中拖曳滑块，设置"对比度"参数为7、"高光"参数为8、"光感"参数为3、"锐化"参数为9，调整画面的明度，如图7-109所示。

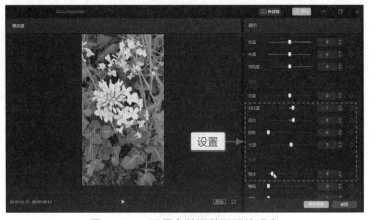

图7-109 设置参数调整画面的明度

STEP 06 ❶切换至HSL选项卡；❷选择红色选项◯；❸拖曳滑块，设置"色相"参数为11、

"饱和度"参数为18，微调画面的红色色彩，如图7-110所示。

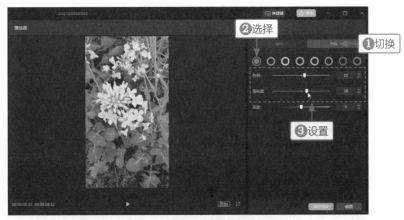

图7-110　设置参数微调画面红色色彩

STEP 07 ❶选择橙色选项◯；❷拖曳滑块，设置"色相"参数为8、"饱和度"参数为11，调整画面的橙色色彩，如图7-111所示。

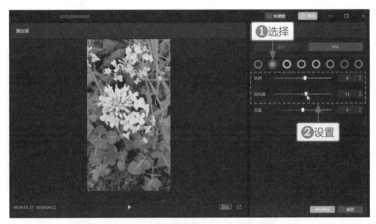

图7-111　设置参数调整画面橙色色彩

STEP 08 ❶选择黄色选项◯；❷拖曳滑块，设置"色相"参数为-11、"饱和度"参数为14，调整油菜花的颜色，如图7-112所示。

图7-112　设置参数调整油菜花的颜色

STEP 09 ❶选择绿色选项〇；❷拖曳滑块，设置"色相"参数为38、"饱和度"参数为34、"亮度"参数为24，让叶子的颜色更碧绿，如图7-113所示。

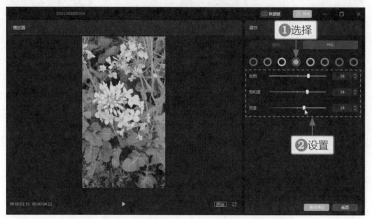

图7-113　设置参数让叶子的颜色更碧绿

STEP 10 ❶选择青色选项〇；❷拖曳滑块，设置"色相"参数为39、"饱和度"参数为29，微微降低画面中色彩的饱和度，如图7-114所示。

图7-114　设置参数降低画面中色彩的饱和度

STEP 11 ❶选择蓝色选项〇；❷拖曳滑块，设置"色相"参数为-100、"饱和度"参数为22，让油菜花的色彩更加通透，如图7-115所示。

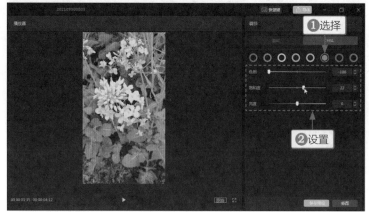

图7-115　设置参数让油菜花的色彩更加通透

STEP 12 ❶单击"特效"按钮；❷单击"变清晰"特效右下角的➕按钮，添加特效，如图7-116所示。

STEP 13 调整"变清晰"特效的时长，对齐"调节1"的起始位置，如图7-117所示。

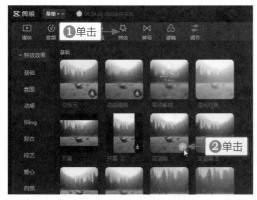

图7-116　添加"变清晰"特效

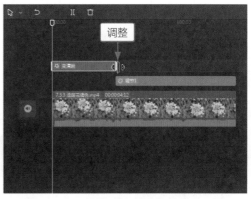

图7-117　调整"变清晰"特效的时长

STEP 14 ❶单击"贴纸"按钮；❷切换至"季节"选项卡；❸单击"春日来信"贴纸右下角的➕按钮，添加贴纸并调整其时长，对齐视频素材末尾位置，如图7-118所示。

STEP 15 ❶切换至"氛围"选项卡；❷单击所选贴纸右下角的➕按钮，添加第二款贴纸并调整其时长，对齐视频素材末尾位置，如图7-119所示。

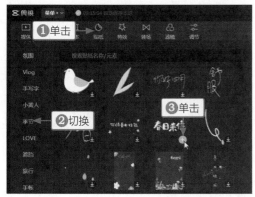

图7-118　添加"春日来信"贴纸

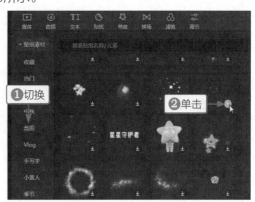

图7-119　添加第二款贴纸

STEP 16 调整两款贴纸的大小和位置，如图7-120所示。上述操作完成后，即为调色成功。

图7-120　调整两款贴纸的大小和位置

8 CHAPTER

第8章

建筑视频调色

知识导读

我国的历史文化悠久，随着近年来经济的快速发展，各种建筑设施拔地而起。因此，我们不仅有高耸入云的现代建筑，还有各种古色古香的古代建筑。本章主要从现代建筑和古代建筑入手，分类介绍调色方法，包括欧式色调、胶片色调、工业色调、高级灰色调、梦幻古风色调、灰调古风色调、故宫华丽色调和古镇简约色调。

本章重点索引

现代建筑调色

古代建筑调色

效果欣赏

8.1 现代建筑调色

现代建筑场景在视频中是很常见的，不同的建筑场景有不同的调色需求，比如欧式建筑就要求效果偏梦幻一些，而现代化的办公大楼可以调出高级灰色调。总之，为建筑选择合适的色调，能让其更显大气壮观。

8.1.1 欧式色调

【效果说明】：欧式建筑的色彩一般都很丰富，五颜六色的墙体和屋顶，后期调色就需要放大色彩优点，凸显建筑特色，把它变得梦幻和富有视觉冲击力。欧式色调调色的原图与效果对比，如图8-1所示。

案例效果　　教学视频

图8-1　欧式色调调色的原图与效果对比

STEP 01 在剪映中，将视频素材导入"本地"选项卡中，单击视频素材右下角的●按钮，把素材添加到视频轨道，如图8-2所示。

STEP 02 ❶拖曳时间指示器至视频00:00:01:20的位置；❷单击"分割"按钮Ⅱ，如图8-3所示。

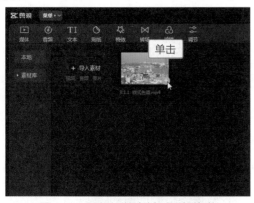 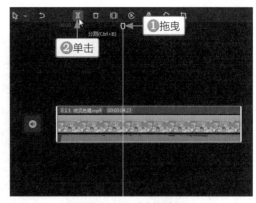

图8-2　添加视频素材到视频轨道　　　　图8-3　分割视频

STEP 03 ❶单击"调节"按钮；❷单击"自定义调节"右下角的●按钮，如图8-4所示。

STEP 04 添加"调节1"轨道，用来调整视频的色彩参数。调整"调节1"的时长，对齐视频素材的末尾位置，如图8-5所示。

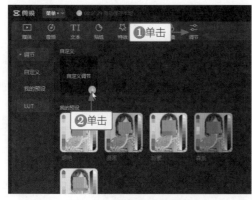

图8-4 设置自定义调节

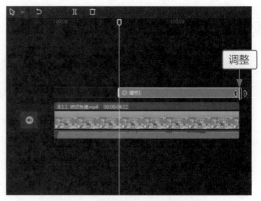

图8-5 调整时长对齐视频素材

STEP 05 在"调节"面板中拖曳滑块，设置"亮度"参数为-6、"对比度"参数为8、"高光"参数为8、"锐化"参数为11，微调降低画面曝光，如图8-6所示。

图8-6 设置参数降低画面曝光

STEP 06 拖曳滑块，设置"色温"参数为-11、"色调"参数为9、"饱和度"参数为8，让画面整体色调偏冷，如图8-7所示。

图8-7 设置参数让画面整体色调偏冷

STEP 07 ❶切换至HSL选项卡；❷选择红色选项 ◉；❸拖曳滑块，设置"色相"参数为36、

"饱和度"参数为38,调整画面中建筑物的红色色彩,如图8-8所示。

图8-8　设置参数调整画面中建筑物的红色色彩

STEP 08 ①选择橙色选项◯;②拖曳滑块,设置"色相"参数为38、"饱和度"参数为39,调整画面中建筑物的橙色色彩,如图8-9所示。

图8-9　设置参数调整画面中建筑物的橙色色彩

STEP 09 ①选择黄色选项◯;②拖曳滑块,设置"色相"参数为17、"饱和度"参数为19,调整画面中建筑物的黄色色彩,如图8-10所示。

图8-10　设置参数调整画面中建筑物的黄色色彩

STEP 10 ❶选择青色选项◎；❷拖曳滑块，设置"色相"参数为12、"饱和度"参数为19，调整画面中建筑物的青色色彩，如图8-11所示。

图8-11 设置参数调整画面中建筑物的青色色彩

STEP 11 ❶选择蓝色选项◎；❷拖曳滑块，设置"饱和度"参数为24、"亮度"参数为23，调整画面中天空和湖水的颜色，如图8-12所示。

图8-12 设置参数调整画面中天空和湖水的颜色

STEP 12 ❶选择紫色选项◎；❷拖曳滑块，设置"色相"参数为17、"饱和度"参数为19、"亮度"参数为11，微微降低画面中天空和湖水色彩的饱和度，如图8-13所示。

图8-13 设置参数降低画面中天空和湖水色彩的饱和度

STEP 13 ❶选择洋红色选项◎；❷拖曳滑块，设置"色相"参数为-23、"饱和度"参数为-43、"亮度"参数为20，让画面整体色彩更加自然，如图8-14所示。

STEP 14 ❶单击"特效"按钮；❷单击"变清晰"特效右下角的⊕按钮，添加特效，如图8-15所示。

STEP 15 调整"变清晰"特效的时长，对齐视频分割的位置，如图8-16所示。

图8-14 设置参数让画面整体色彩更加自然

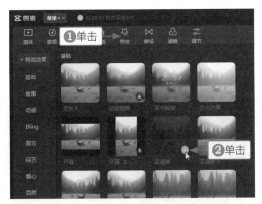

图8-15 添加"变清晰"特效

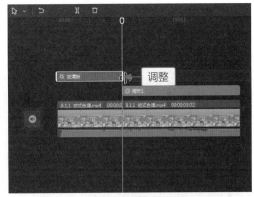

图8-16 调整"变清晰"特效的时长

STEP 16 ❶切换至"氛围"选项卡；❷单击"星火"特效右下角的⊕按钮，添加第二个特效，如图8-17所示。

STEP 17 调整"星火"特效的时长，对齐视频素材的末尾位置，如图8-18所示。上述操作完成后，即为调色成功。

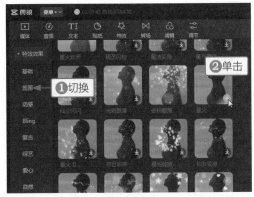

图8-17 添加"星火"特效

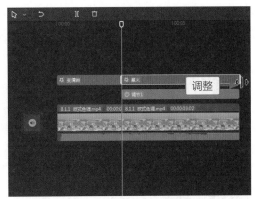

图8-18 调整"星火"特效的时长

8.1.2 胶片色调

【效果说明】：胶片色调能让建筑看起来更加复古，调色重点就是降低高光，增加颗粒感，营造出低饱和的画面氛围。胶片色调调色的原图与效果对比，如图8-19所示。

案例效果

教学视频

图8-19 胶片色调调色的原图与效果对比

STEP 01 在剪映中，单击素材右下角的 + 按钮，把素材添加到视频轨道，如图8-20所示。

STEP 02 ❶拖曳时间指示器至视频00:00:01:07的位置；❷单击"分割"按钮 ⅠⅠ，如图8-21所示。

图8-20 添加视频素材到视频轨道

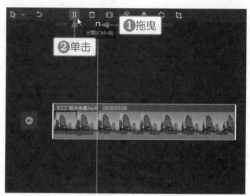
图8-21 分割视频

STEP 03 ❶单击"滤镜"按钮；❷切换至"复古"选项卡；❸单击"迈阿密"滤镜右下角的 + 按钮，添加滤镜，增加复古感，如图8-22所示。

STEP 04 调整"迈阿密"滤镜的时长，对齐视频素材的末尾位置，如图8-23所示。

图8-22 添加"迈阿密"滤镜

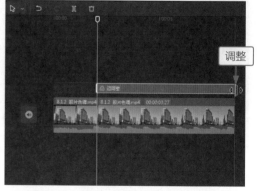
图8-23 调整"迈阿密"滤镜的时长

STEP 05 ❶单击"调节"按钮；❷单击"自定义调节"右下角的➕按钮，如图8-24所示。

STEP 06 添加"调节2"轨道，用来调整视频的色彩参数。调整"调节2"的时长，对齐视频素材的末尾位置，如图8-25所示。

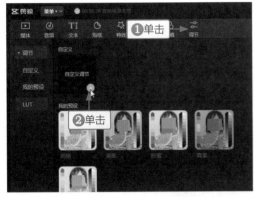

图8-24　设置自定义调节

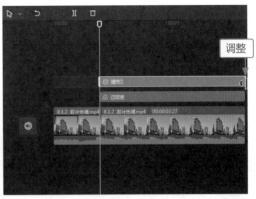

图8-25　调整时长对齐视频素材

STEP 07 在"调节"面板中拖曳滑块，设置"亮度"参数为−11、"对比度"参数为17、"阴影"参数为9、"光感"参数为8、"锐化"参数为18、"颗粒"参数为10、"褪色"参数为10、"暗角"参数为12，增加画面的颗粒感和质感，如图8-26所示。

图8-26　设置参数增加画面的颗粒感和质感

STEP 08 在"调节"面板中拖曳滑块，设置"色温"参数为−6、"色调"参数为10，"饱和度"参数为−15，降低画面的色彩饱和度，如图8-27所示。

图8-27　设置参数降低画面的色彩饱和度

STEP 09 ❶切换至HSL选项卡；❷选择红色选项◎；❸拖曳滑块，设置"饱和度"参数为22，调整画面的红色色彩，如图8-28所示。

图 8-28　设置参数调整画面的红色色彩

STEP 10 ❶选择橙色选项◯；❷拖曳滑块，设置"饱和度"参数为11、"亮度"参数为-32，调整画面的橙色色彩，如图8-29所示。

图 8-29　设置参数调整画面的橙色色彩

STEP 11 ❶选择黄色选项◯；❷拖曳滑块，设置"色相"参数为-18、"饱和度"参数为14、"亮度"参数为-22，让建筑物的色彩更加复古，如图8-30所示。

图 8-30　设置参数让建筑物的色彩更加复古

STEP 12 ❶选择青色选项◯；❷拖曳滑块，设置"色相"参数为17、"饱和度"参数为3、"亮度"参数为18，调整画面中天空的色彩，如图8-31所示。上述操作完成后，即为调色成功。

图8-31　设置参数调整画面中天空的色彩

8.1.3　工业色调

【效果说明】：工业色调主要偏向橙红色，给人一种粗犷的工业风体验，适合各种与建筑、工业有关的视频。工业色调调色的原图与效果对比，如图8-32所示。

案例效果　　　教学视频

图8-32　工业色调调色的原图与效果对比

STEP 01 在剪映中，将视频素材导入"本地"选项卡中，单击视频素材右下角的⊕按钮，把素材添加到视频轨道中，如图8-33所示。

STEP 02 ❶拖曳时间指示器至视频00:00:01:22的位置；❷单击"分割"按钮Ⅱ，如图8-34所示。

　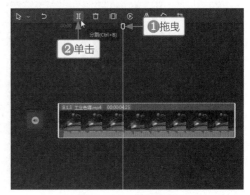

图8-33　添加视频素材到视频轨道　　　图8-34　分割视频

STEP 03 ❶单击"调节"按钮；❷单击"自定义调节"右下角的⊕按钮，如图8-35所示。

STEP 04 添加"调节1"轨道，用来调整视频的色彩参数。调整"调节1"的时长，对齐视频素材的末尾位置，如图8-36所示。

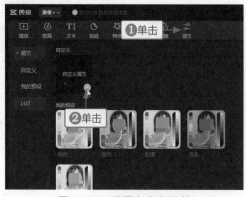

图8-35 设置自定义调节

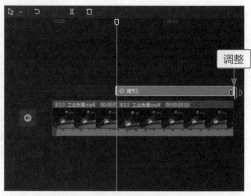

图8-36 调整时长对齐视频素材

STEP 05 在"调节"面板中拖曳滑块，设置"亮度"参数为10、"对比度"参数为14、"高光"参数为11、"光感"参数为-13、"锐化"参数为12，增加画面曝光，如图8-37所示。

图8-37 设置参数增加画面曝光

STEP 06 拖曳滑块，设置"色温"参数为9、"饱和度"参数为20，微调画面的色彩饱和度，如图8-38所示。

图8-38 设置参数微调画面的色彩饱和度

STEP 07 ❶切换至HSL选项卡；❷选择红色选项◉；❸拖曳滑块，设置"色相"参数为

100、"饱和度"参数为38、"亮度"参数为32，让红色物体的色彩偏橙色，如图8-39
所示。

图8-39　设置参数让红色物体的色彩偏橙色

STEP 08 ❶选择橙色选项◯；❷拖曳滑块，设置"色相"参数为-45、"饱和度"参数为
28，让画面中暗部物体的色调偏橙红色，如图8-40所示。

图8-40　设置参数让画面中暗部物体的色调偏橙红色

STEP 09 ❶选择黄色选项◯；❷拖曳滑块，设置"色相"参数为-32、"饱和度"参数为
35，增加画面的橙色度，如图8-41所示。

图8-41　设置参数增加画面的橙色度

STEP 10 ❶选择绿色选项 🟢；❷拖曳滑块，设置"饱和度"参数为-100，降低画面中绿色色彩的饱和度，如图8-42所示。同理，设置青色、蓝色、紫色和洋红色选项的"饱和度"参数都为-100，降低杂色，凸显画面中的橙红色。

STEP 11 ❶单击"特效"按钮；❷单击"变清晰"特效右下角的⊕按钮，添加特效，如图8-43所示。

STEP 12 调整"变清晰"特效的时长，对齐视频分割的位置，如图8-44所示。

图8-42 设置参数降低杂色

图8-43 添加"变清晰"特效

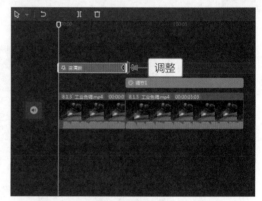

图8-44 调整"变清晰"特效的时长

STEP 13 ❶切换至"氛围"选项卡；❷单击"星火"特效右下角的⊕按钮，添加第二个特效，如图8-45所示。

STEP 14 调整"星火"特效的时长，对齐视频素材的末尾位置，如图8-46所示。上述操作完成后，即为调色成功。

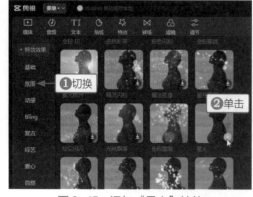

图8-45 添加"星火"特效

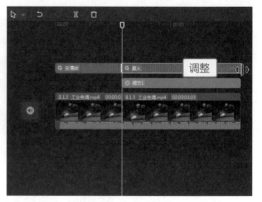

图8-46 调整"星火"特效的时长

8.1.4 高级灰色调

【效果说明】：高级灰色调适合用于阴天拍摄的城市视频，可有效提升画面质感，使整体效果变得大气磅礴。高级灰色调调色的原图与效果对比，如图8-47所示。

案例效果

教学视频

图8-47　高级灰色调调色的原图与效果对比

STEP 01 ▶ 在剪映中，将视频素材导入"本地"选项卡中，单击视频素材右下角的⊕按钮，把素材添加到视频轨道中，如图8-48所示。

STEP 02 ▶ ①拖曳时间指示器至视频00:00:01:22的位置；②单击"分割"按钮Ⅱ，如图8-49所示。

图8-48　添加视频素材到视频轨道

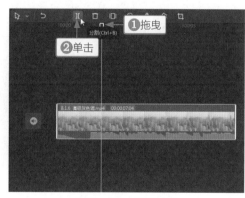

图8-49　分割视频

STEP 03 ▶ ①单击"调节"按钮；②单击"自定义调节"右下角的⊕按钮，如图8-50所示。

STEP 04 ▶ 添加"调节1"轨道，用来调整视频的色彩参数。调整"调节1"的时长，对齐视频素材的末尾位置，如图8-51所示。

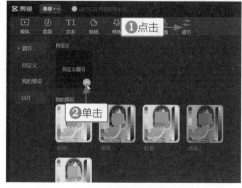

图8-50　设置自定义调节

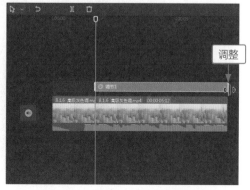

图8-51　调整时长对齐视频素材

STEP 05 在"调节"面板中拖曳滑块，设置"亮度"参数为-25、"对比度"参数为16、"高光"参数为-20、"光感"参数为-14，调整画面，降低曝光，如图8-52所示。

图8-52 设置参数降低画面曝光

STEP 06 拖曳滑块，设置"色温"参数为-6、"色调"参数为-9、"饱和度"参数为9，使画面色彩偏冷色调，如图8-53所示。

图8-53 设置参数使画面色彩偏冷色调

STEP 07 ①切换至HSL选项卡；②拖曳相应的滑块，设置红色、橙色、黄色和绿色选项的"饱和度"参数为-100，降低画面中的杂色，如图8-54所示。

图8-54 设置参数降低画面中的杂色

STEP 08 ❶选择蓝色选项◐；❷拖曳滑块，设置"饱和度"参数为−15，调整画面中蓝色的色彩，如图8-55所示。

STEP 09 ❶单击"滤镜"按钮；❷切换至"复古"选项卡；❸单击"德古拉"滤镜右下角的⊕按钮，添加滤镜，调出高级灰色调，如图8-56所示。

STEP 10 调整"德古拉"滤镜的时长，对齐视频素材的末尾位置，如图8-57所示。

图8-55 设置参数调整画面中的蓝色色彩

图8-56 添加"德古拉"滤镜

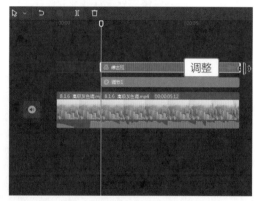

图8-57 调整"德古拉"滤镜的时长

STEP 11 ❶单击"特效"按钮；❷单击"变清晰"特效右下角的⊕按钮，如图8-58所示。

STEP 12 调整"变清晰"特效的时长，对齐视频的分割位置，如图8-59所示。上述操作完成后，即为调色成功。

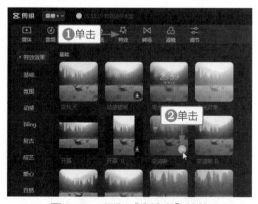

图8-58 添加"变清晰"特效

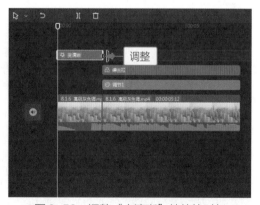

图8-59 调整"变清晰"特效的时长

8.2 古代建筑调色

我国古代建筑种类繁多，不仅有着精美的结构，而且色彩对比鲜明，有的金碧辉煌、有的质朴淡雅。对于不同的古建筑视频有不同的调色方法，其目的都是突出建筑古色古香的风韵。

8.2.1 梦幻古风色调

【效果说明】：古代高楼建筑色彩明快，在对这类视频进行调色时，应增加色彩的明暗对比，让红墙青瓦在绿树蓝天的衬托下更加醒目，后期再加上一些彩色的云朵，增添梦幻色彩。梦幻古风色调调色的原图与效果对比，如图8-60所示。

案例效果　　教学视频

图8-60　梦幻古风色调调色的原图与效果对比

STEP 01 在剪映中，将视频素材导入"本地"选项卡中，单击视频素材右下角的 ⊕ 按钮，把素材添加到视频轨道中，如图8-61所示。

STEP 02 ①拖曳时间指示器至视频00:00:01:20的位置；②单击"分割"按钮 ⚟，如图8-62所示。

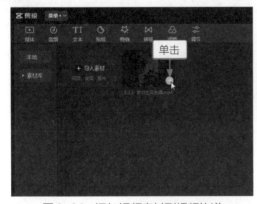 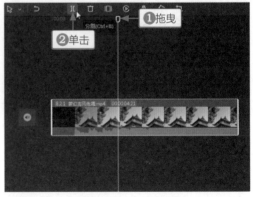

图8-61　添加视频素材到视频轨道　　　　　　图8-62　分割视频

STEP 03 ①单击"调节"按钮；②单击"自定义调节"右下角的➕按钮，如图8-63所示，

STEP 04 添加"调节1"轨道，用来调整视频的色彩参数。调整"调节1"的时长，对齐视频素材的末尾位置，如图8-64所示。

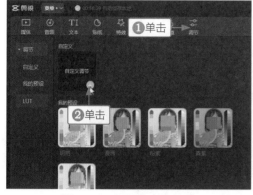

图8-63 设置自定义调节

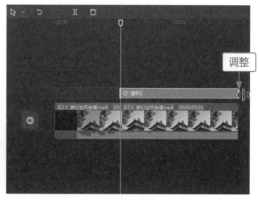

图8-64 调整时长对齐视频素材

STEP 05 在"调节"面板中拖曳滑块，设置"亮度"参数为5、"对比度"参数为-13、"高光"参数为-26、"阴影"参数为16，调整画面明度，如图8-65所示。

图8-65 设置参数调整画面明度

STEP 06 拖曳滑块，设置"色温"参数为23、"色调"参数为13、"饱和度"参数为7，微调画面色彩，如图8-66所示。

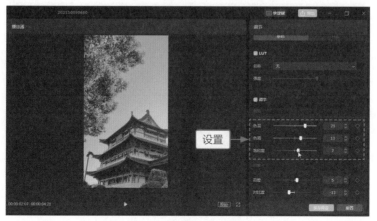

图8-66 设置参数微调画面色彩

STEP 07 ❶切换至HSL选项卡；❷选择红色选项 ◯；❸拖曳滑块，设置"饱和度"参数为100、"亮度"参数为29，提亮画面中建筑物的红色色彩，如图8-67所示。

图8-67 设置参数提亮画面中建筑物的红色色彩

STEP 08 ❶选择橙色选项 ◯；❷拖曳滑块，设置"色相"参数为-47、"饱和度"参数为51，微调建筑物的色彩，如图8-68所示。

图8-68 设置参数微调建筑物的色彩

STEP 09 ❶选择黄色选项 ◯；❷拖曳滑块，设置"饱和度"参数为40，提亮树木的色彩，如图8-69所示。

图8-69 设置参数提亮树木的色彩

STEP 10 ❶选择绿色选项◯；❷拖曳滑块，设置"饱和度"参数为48，让树木的色彩更加饱满，如图8-70所示。

图8-70　设置参数让树木的色彩更加饱满

STEP 11 ❶选择青色选项◯；❷拖曳滑块，设置"色相"参数为6、"饱和度"参数为100，调整天空的色彩，如图8-71所示。

图8-71　设置参数调整天空的色彩

STEP 12 ❶选择蓝色选项◯；❷拖曳滑块，设置"色相"参数为15、"饱和度"参数为25，让天空更蓝，如图8-72所示。

图8-72　设置参数让天空更蓝

STEP 13 ①选择洋红色选项 ○；②拖曳滑块，设置"饱和度"参数为25，调整画面中细节的色彩，如图8-73所示。

STEP 14 ①单击"特效"按钮；②切换至"氛围"选项卡；③单击"萤火"特效右下角的 ⊕ 按钮，添加特效，如图8-74所示。

STEP 15 继续单击"星火"特效右下角的 ⊕ 按钮，添加特效，如图8-75所示。

图8-73 设置参数调整画面中细节的色彩

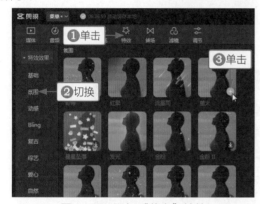

图8-74 添加"萤火"特效

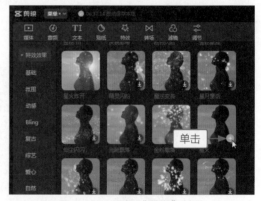

图8-75 添加"星火"特效

STEP 16 调整"萤火"和"星火"特效的时长，对齐视频素材的末尾位置，如图8-76所示，

STEP 17 ①单击"贴纸"按钮；②搜索"云朵"贴纸；③选择并添加两个云朵贴纸，如图8-77所示。

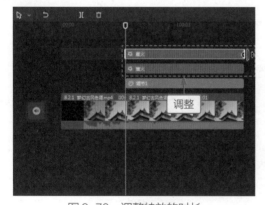

图8-76 调整特效的时长

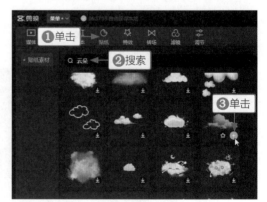

图8-77 添加两个云朵贴纸

STEP 18 ①调整两个云朵贴纸的位置和大小；②在"动画"选项卡中为两个贴纸选择"放大"入场动画，如图8-78所示。

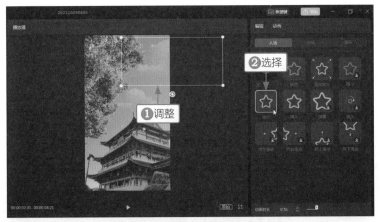

图8-78　调整贴纸并选择入场动画

STEP 19 ❶单击"文本"按钮；❷在"文字模板"选项卡中切换至"标题"选项区；❸单击
"四季"文字模板右下角的⊕按钮，添加文字，如图8-79所示，

STEP 20 调整文字的时长，对齐视频素材的末尾位置，如图8-80所示。

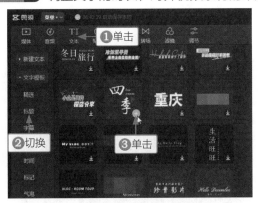

图8-79　添加文字

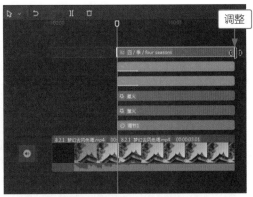

图8-80　调整文字的时长

STEP 21 ❶更换文字内容；❷调整文字的大小至合适位置，如图8-81所示。上述操作完成
后，即为调色成功。

图8-81　更换并调整文字

8.2.2 灰调古风色调

【效果说明】：在阴天时拍摄的古建筑很适合使用古风色调进行调色，青灰色的主调，能呈现出建筑物古朴、淡雅的气质。灰调古风色调调色的原图与效果对比，如图8-82所示。

案例效果　　　教学视频

图8-82　灰调古风色调调色的原图与效果对比

STEP 01 在剪映中，将视频素材导入"本地"选项卡中，单击视频素材右下角的 ⊕ 按钮，把素材添加到视频轨道中，如图8-83所示。

STEP 02 ❶拖曳时间指示器至视频00:00:01:20的位置；❷单击"分割"按钮 Ⅱ，如图8-84所示。

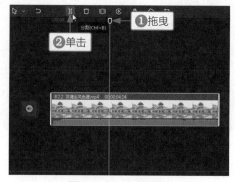

图8-83　添加视频素材到视频轨道　　　　图8-84　分割视频

STEP 03 ❶单击"滤镜"按钮；❷切换至"影视级"选项卡；❸单击"青黄"滤镜右下角的 ⊕ 按钮，添加滤镜，进行初步调色，如图8-85所示。

STEP 04 调整"青黄"滤镜的时长，对齐视频素材的末尾位置，如图8-86所示。

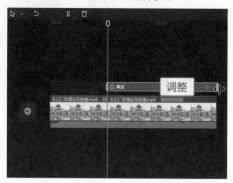

图8-85　添加"青黄"滤镜　　　　　图8-86　调整"青黄"滤镜的时长

STEP 05 ❶单击"调节"按钮；❷单击"自定义调节"右下角的⊕按钮，如图8-87所示。

STEP 06 添加"调节1"轨道，用来调整视频的色彩参数。调整"调节1"的时长，对齐视频素材的末尾位置，如图8-88所示。

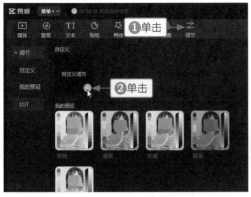

图8-87　设置自定义调节

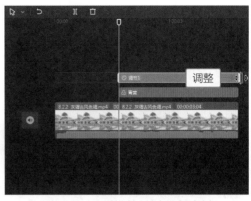

图8-88　调整时长对齐视频素材

STEP 07 在"调节"面板中拖曳滑块，设置"亮度"参数为-22、"对比度"参数为6、"高光"参数为7、"光感"参数为-11、"锐化"参数为13，调整画面明度，如图8-89所示。

图8-89　设置参数调整画面明度

STEP 08 拖曳滑块，设置"色温"参数为-16、"色调"参数为6，使画面色调偏冷，如图8-90所示。

图8-90　设置参数使画面色调偏冷

STEP 09 ❶切换至HSL选项卡；❷选择红色选项◉；❸拖曳滑块，设置"饱和度"参数为15，调整画面中的红色色彩，如图8-91所示。

图 8-91　设置参数调整画面中的红色色彩

STEP 10 ❶选择橙色选项◯；❷拖曳滑块，设置"饱和度"参数为18，调整画面中的橙色色彩，如图8-92所示。

图 8-92　设置参数调整画面中的橙色色彩

STEP 11 ❶选择青色选项◯；❷拖曳滑块，设置"色相"参数为19、"饱和度"参数为18、"亮度"参数为-21，让画面色调偏青色，如图8-93所示。

图 8-93　设置参数让画面色调偏青色

STEP 12 ❶选择蓝色选项◎；❷拖曳滑块，设置"色相"参数为-19、"饱和度"参数为-19、"亮度"参数为17，提亮画面，如图8-94所示。

STEP 13 ❶单击"特效"按钮；❷单击"变清晰"特效右下角的⊕按钮，添加特效，如图8-95所示。

图8-94　设置参数提亮画面

STEP 14 调整"变清晰"特效的时长，对齐视频分割的位置，如图8-96所示。

图8-95　添加"变清晰"特效

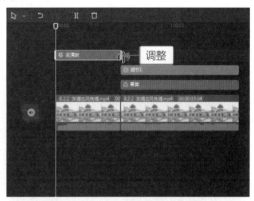

图8-96　调整"变清晰"特效的时长

STEP 15 ❶切换至"自然"选项卡；❷单击"孔明灯II"特效右下角的⊕按钮，添加特效，如图8-97所示。

STEP 16 调整"孔明灯II"特效的时长，对齐视频素材的末尾位置，如图8-98所示。上述操作完成后，即为调色成功。

图8-97　添加"孔明灯II"特效

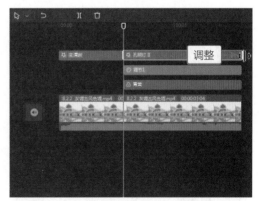

图8-98　调整"孔明灯II"特效的时长

8.2.3 故宫华丽色调

【效果说明】：故宫的建筑物金碧辉煌，对这类视频调色的重点是提升画面的色彩饱和度，让建筑物更加富丽堂皇。故宫华丽色调调色的原图与效果对比，如图8-99所示。

案例效果　　教学视频

图8-99　故宫华丽色调调色的原图与效果对比

STEP 01 在剪映中，将视频素材导入"本地"选项卡中，单击视频素材右下角的➕按钮，把素材添加到视频轨道中，如图8-100所示。

STEP 02 ❶单击"滤镜"按钮；❷切换至"风景"选项卡；❸单击"橘光"滤镜右下角的➕按钮，添加滤镜，进行初步调色，如图8-101所示。

图8-100　添加视频素材到视频轨道　　　　　图8-101　添加"橘光"滤镜

STEP 03 拖曳滑块，设置"滤镜强度"参数为60，如图8-102所示。

STEP 04 调整"橘光"滤镜的时长，对齐视频素材的末尾位置，如图8-103所示。

 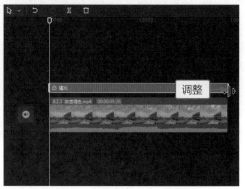

图8-102　设置"滤镜强度"参数　　　　　图8-103　调整"橘光"滤镜的时长

STEP 05 ❶单击"调节"按钮；❷单击"自定义调节"右下角的⊕按钮，如图8-104所示。

STEP 06 添加"调节1"轨道，用来调整视频的色彩参数。调整"调节1"的时长，对齐视频素材的末尾位置，如图8-105所示。

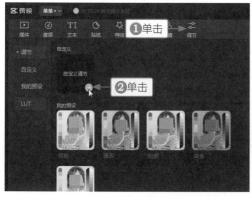

图8-104　设置自定义调节

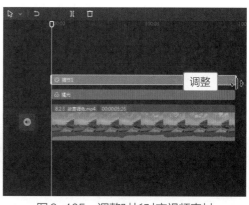

图8-105　调整时长对齐视频素材

STEP 07 在"调节"面板中拖曳滑块，设置"亮度"参数为6、"对比度"参数为15、"光感"参数为7、"锐化"参数为25，调整曝光，让画面更加清晰，如图8-106所示。

图8-106　设置参数调整画面曝光

STEP 08 拖曳滑块，设置"色温"参数为-15、"色调"参数为10、"饱和度"参数为10，校正画面色彩，如图8-107所示。

图8-107　设置参数校正画面色彩

STEP 09 ❶切换至HSL选项卡；❷选择橙色选项◎；❸拖曳滑块，设置"饱和度"参数为18，调整建筑物的橙色色彩，如图8-108所示。

图8-108　设置参数调整建筑物的橙色色彩

STEP 10 ❶选择蓝色选项◯；❷拖曳滑块，设置"色相"参数为-8、"饱和度"参数为9、"亮度"参数为-11，调整画面中的蓝色色彩，如图8-109所示。

图8-109　设置参数调整画面中的蓝色色彩

STEP 11 ❶单击"特效"按钮；❷切换至"自然"选项卡；❸单击"落樱"特效右下角的⊕按钮，添加特效，如图8-110所示。

STEP 12 继续单击"落叶"特效右下角的⊕按钮，添加特效，如图8-111所示。

图8-110　添加"落樱"特效

图8-111　添加"落叶"特效

STEP 13 调整"落樱"和"落叶"特效的时长,对齐视频素材的时长,如图8-112所示。上述操作完成后,即为调色成功。

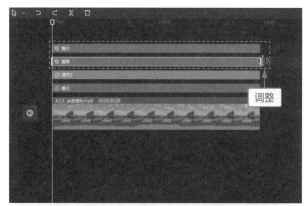

图8-112　调整"落樱"和"落叶"特效的时长

8.2.4　古镇简约色调

【效果说明】:对拍摄的古镇视频进行调色时,讲究色彩对比,蓝色调与橙色调的相互映衬能让画面更加简约和古朴。古镇简约色调调色的原图与效果对比,如图8-113所示。

案例效果　　　教学视频

图8-113　古镇简约色调调色的原图与效果对比

STEP 01 在剪映中,将视频素材导入"本地"选项卡中,单击视频素材右下角的⊕按钮,把素材添加到视频轨道中,如图8-114所示。

STEP 02 ❶拖曳时间指示器至视频00:00:01:20的位置;❷单击"分割"按钮⑈,如图8-115所示。

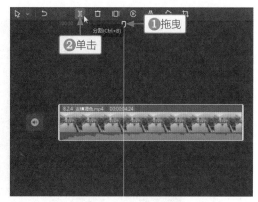

图8-114　添加视频素材到视频轨道　　　　图8-115　分割视频

STEP 03 ❶单击"调节"按钮;❷单击"自定义调节"右下角的⊕按钮,如图8-116所示。

STEP 04 添加"调节1"轨道，用来调整视频的色彩参数。调整"调节1"的时长，对齐视频素材的末尾位置，如图8-117所示。

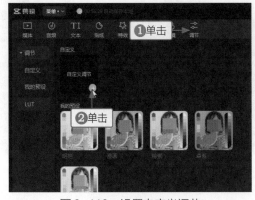
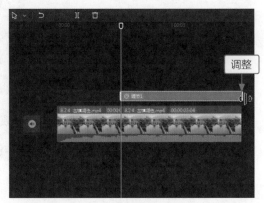

图8-116　设置自定义调节　　　　　　图8-117　调整时长对齐视频素材

STEP 05 在"调节"面板中拖曳滑块，设置"亮度"参数为-8、"高光"参数为-50、"阴影"参数为21、"光感"参数为-38，降低曝光，调整画面明度，如图8-118所示。

图8-118　设置参数降低画面曝光

STEP 06 拖曳滑块，设置"色温"参数为-21、"色调"参数为-10，增加画面中的冷暖对比，如图8-119所示。

图8-119　设置参数增加画面中的冷暖对比

STEP 07 ❶切换至HSL选项卡；❷选择红色选项◯；❸拖曳滑块，设置"色相"参数为18、"饱和度"参数为12、"亮度"参数为19，调整画面中的红色色彩，如图8-120所示。

图8-120　设置参数调整画面中的红色色彩

STEP 08 ❶选择橙色选项◯；❷拖曳滑块，设置"饱和度"参数为43、"亮度"参数为42，让画面中红色建筑变成橙红色，如图8-121所示。

图8-121　设置参数让画面中红色建筑变成橙红色

STEP 09 ❶选择黄色选项◯；❷拖曳滑块，设置"色相"参数为-55、"饱和度"参数为37、"亮度"参数为29，微调画面色彩，如图8-122所示。

图8-122　设置参数微调画面色彩

STEP 10 ❶选择绿色选项〇；❷拖曳滑块，设置"色相"参数为-100，微调画面中的色彩，如图8-123所示。

图8-123 设置参数微调画面中的色彩

STEP 11 ❶选择青色选项〇；❷拖曳滑块，设置"色相"参数为100、"亮度"参数为4，调整画面中的冷色，如图8-124所示。

图8-124 设置参数调整画面中的冷色

STEP 12 ❶选择蓝色选项〇；❷拖曳滑块，设置"饱和度"参数为30，提升蓝色的饱和度，如图8-125所示。

图8-125 设置参数提升蓝色的饱和度

STEP 13 ❶单击"特效"按钮；❷单击"变清晰"特效右下角的⊕按钮，添加特效，如图8-126所示。

STEP 14 调整"变清晰"特效的时长，对齐视频分割的位置，如图8-127所示。

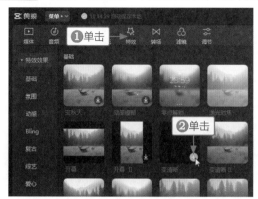

图8-126　添加"变清晰"特效

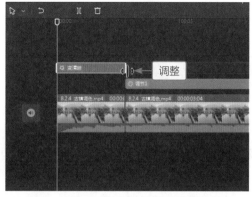

图8-127　调整"变清晰"特效的时长

STEP 15 ❶切换至"氛围"选项卡；❷单击"金粉"特效右下角的⊕按钮，添加特效，如图8-128所示，

STEP 16 调整"金粉"特效的时长，对齐视频素材的末尾位置，如图8-129所示。上述操作完成后，即为调色成功。

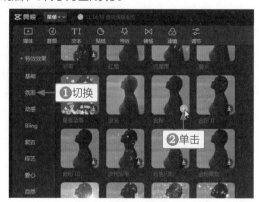

图8-128　添加"金粉"特效

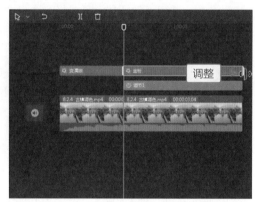

图8-129　调整"金粉"特效的时长

9 CHAPTER

第9章

人像视频调色主要的作用是优化视频中的人物形象，处理好脸部等细节，以提高视频的质感。本章主要介绍冷系人像和暖系人像调色，包含日系色调、白皙色调、清新色调、暗雅色调、港风色调和明媚色调案例，帮助大家调出满意的人像视频。

人像视频调色

 本章重点索引

■▶ 冷系人像调色
■▶ 暖系人像调色

 效果欣赏

9.1 冷系人像调色

人像视频调色不仅仅要调整环境的色调，最关键的是要对人像进行调色。在剪映中可以运用智能抠像功能把人像抠出来，进行磨皮瘦脸等美颜操作，让人像的脸部效果更加完美，也能提升画面的整体质感。本节主要介绍冷系人像调色的方法，帮助大家调出心仪的色调，下面就来详细介绍。

9.1.1 日系色调

【效果说明】：日系色调很适合人像视频，清新淡雅的色调能让画面变得清透，还能突出人像主体的清纯靓丽感。大部分日系色调都偏冷色，非常适合用在青春人像视频中。日系色调调色的原图与效果对比，如图9-1所示。

案例效果　　教学视频

图9-1　日系色调调色的原图与效果对比

STEP 01 在剪映中，将视频素材导入"本地"选项卡中，单击视频素材右下角的➕按钮，把素材添加到视频轨道中，如图9-2所示。

STEP 02 ❶拖曳时间指示器至视频00:00:01:20的位置；❷单击"分割"按钮❚❙；❸复制并粘贴分割出来的视频素材至画中画轨道中，如图9-3所示。

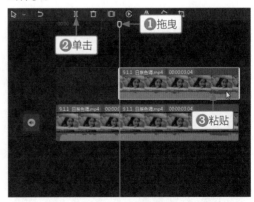

图9-2　添加视频素材到视频轨道　　　　图9-3　分割和复制粘贴视频素材

STEP 03 ❶切换至"抠像"选项卡；❷单击"智能抠像"按钮，把画中画轨道中视频素材的人像抠出来，如图9-4所示。

图9-4　设置智能抠像

STEP 04 ❶切换至"基础"选项卡；❷拖曳滑块，设置"磨皮"参数为100，为人像脸部进行美颜处理，如图9-5所示。

图9-5　设置参数为人像脸部美颜

STEP 05 ❶单击"调节"按钮；❷单击"自定义调节"右下角的 ⊕ 按钮，如图9-6所示。

STEP 06 添加"调节1"轨道，用来调整视频的色彩参数。调整"调节1"的时长，对齐视频素材的末尾位置，如图9-7所示。

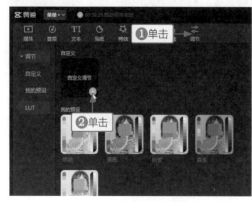

图9-6　设置自定义调节

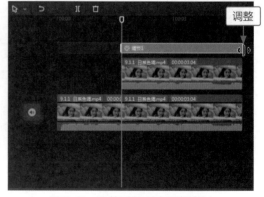

图9-7　调整时长对齐视频素材

STEP 07 在"调节"面板中拖曳滑块，设置"亮度"参数为-10、"对比度"参数为-10、

"高光"参数为4、"阴影"参数为13、"光感"参数为10，调整画面明度，如图9-8所示。

图9-8　设置参数调整画面明度

STEP 08 拖曳滑块，设置"色温"参数为-10、"色调"参数为-10，让画面色调偏冷，如图9-9所示。

图9-9　设置参数让画面色调偏冷

STEP 09 ❶切换至HSL选项卡；❷选择红色选项◎；❸拖曳滑块，设置"饱和度"参数为-14、"亮度"参数为-10，降低画面中红色色彩的饱和度，如图9-10所示。

图9-10　设置参数降低画面中红色色彩的饱和度

STEP 10 ❶选择青色选项 ◉；❷拖曳滑块，设置"饱和度"参数为-37、"亮度"参数为7，让画面更加清透，如图9-11所示。

图9-11 设置参数让画面更加清透

STEP 11 ❶选择蓝色选项 ◉；❷拖曳滑块，设置"饱和度"参数为15、"亮度"参数为34，让色调更加清透，如图9-12所示。

图9-12 设置参数让画面更加清透

STEP 12 ❶单击"滤镜"按钮；❷切换至"高清"选项卡；❸单击"清透"滤镜右下角的 ⊕ 按钮，添加滤镜，如图9-13所示。

STEP 13 调整"清透"滤镜的时长，对齐视频素材的末尾位置，如图9-14所示。

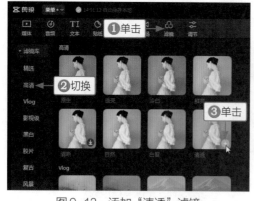

图9-13 添加"清透"滤镜

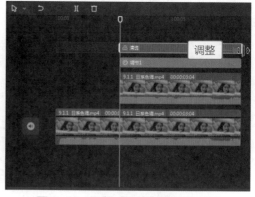

图9-14 调整"清透"滤镜的时长

STEP 14 ❶单击"特效"按钮；❷单击"变清晰"特效右下角的 ⊕ 按钮，添加特效，如图9-15所示。

STEP 15 调整"变清晰"特效的时长，对齐视频的分割位置，如图9-16所示。

图9-15　添加"变清晰"特效

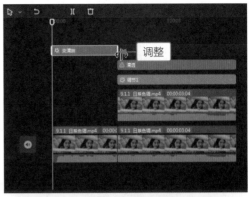

图9-16　调整"变清晰"特效的时长

STEP 16 拖曳时间指示器至视频分割位置，❶单击"贴纸"按钮；❷切换至Plog选项卡；❸单击"想见你"贴纸右下角的➕按钮，添加贴纸，如图9-17所示。

STEP 17 ❶切换至"氛围"选项卡；❷单击所选贴纸右下角的➕按钮，添加第二款贴纸，如图9-18所示。调整两款贴纸的时长，对齐视频素材的末尾位置。

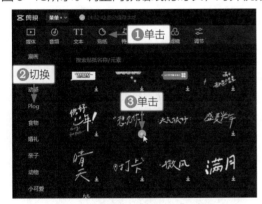

图9-17　添加"想见你"贴纸

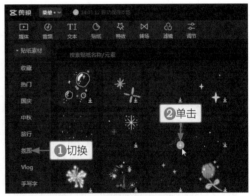

图9-18　添加第二款贴纸

STEP 18 调整两款贴纸的大小和位置，如图9-19所示。上述操作完成后，即为调色成功。

图9-19　调整两款贴纸的大小和位置

9.1.2 白皙色调

【效果说明】：白皙的肤色会让人像的面貌更加精致，调色可以把暗黄肤色变为健康的白皙色调。白皙色调调色的原图与效果对比，如图9-20所示。

案例效果　　　教学视频

图9-20　白皙色调调色的原图与效果对比

STEP 01 在剪映中，将视频素材导入"本地"选项卡中，单击视频素材右下角的⊕按钮，把素材添加到视频轨道中，如图9-21所示。

STEP 02 ①拖曳时间指示器至视频00:00:01:21的位置；②单击"分割"按钮⚊；③复制并粘贴分割出来的视频素材至画中画轨道，如图9-22所示。

 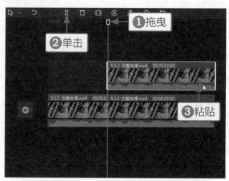

图9-21　添加视频素材到视频轨道　　　　图9-22　分割和复制粘贴视频素材

STEP 03 ①切换至"抠像"选项卡；②单击"智能抠像"按钮，把画中画轨道中视频素材的人像抠出来，如图9-23所示。

图9-23　设置智能抠像

STEP 04 ❶切换至"基础"选项卡；❷拖曳滑块，设置"磨皮"参数为100，为人像脸部进行美颜处理，如图9-24所示。

图9-24　设置参数为人像脸部美颜

STEP 05 ❶单击"调节"按钮；❷在"调节"面板中拖曳滑块，设置"色温"参数为-14、"亮度"参数为12、"对比度"参数为7、"高光"参数为10、"光感"参数为5、"锐化"参数为5，初步调节画面的明度和色彩，如图9-25所示。

图9-25　设置参数调节画面的明度和色彩

STEP 06 ❶单击"滤镜"按钮；❷切换至"高清"选项卡；❸单击"白皙"滤镜右下角的 ➕ 按钮，添加滤镜，让肤色更加白皙透亮，如图9-26所示。

STEP 07 拖曳时间指示器至视频起始位置，❶单击"特效"按钮；❷单击"变清晰"特效右下角的 ➕ 按钮，添加特效，如图9-27所示。

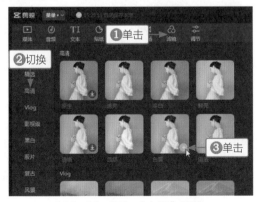

图9-26　添加"白皙"滤镜

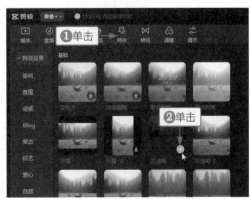

图9-27　添加"变清晰"特效

STEP 08 调整"变清晰"特效的时长，对齐视频的分割位置，如图9-28所示。

STEP 09 拖曳时间指示器至视频分割位置，❶切换至Bling选项卡；❷单击"星河II"特效右下角的⊕按钮，添加特效，如图9-29所示。上述操作完成后，即为调色成功。

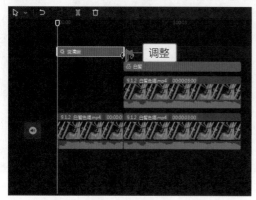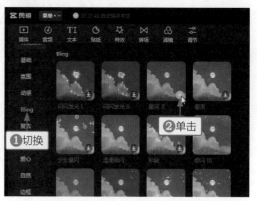

图9-28　调整"变清晰"特效的时长　　　　图9-29　添加"星河II"特效

9.1.3 清新色调

【效果说明】：清新的色调能够给人一种身处森林或者草地的感觉，效果非常清丽，调出这种色调的要点在于调整画面中青绿色的比例。原图与效果对比，清新色调调色的原图与效果对比，如图9-30所示。

案例效果　　教学视频

图9-30　清新色调调色的原图与效果对比

STEP 01 在剪映中，将视频素材导入"本地"选项卡中，单击视频素材右下角的⊕按钮，把素材添加到视频轨道中，如图9-31所示。

STEP 02 ❶拖曳时间指示器至视频00:00:01:21的位置；❷单击"分割"按钮Ⅱ，如图9-32所示。

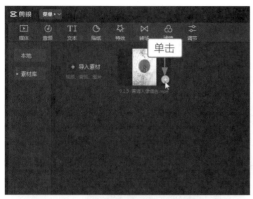

图9-31　添加视频素材到视频轨道

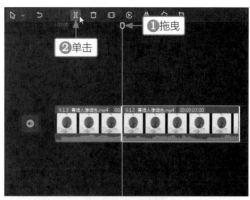

图9-32　分割视频

STEP 03 ❶单击"滤镜"按钮；❷切换至"影视级"选项卡；❸单击"青黄"滤镜右下角的
➕按钮，添加滤镜，进行初步调色，如图9-33所示。

STEP 04 ❶单击"调节"按钮；❷单击"自定义调节"右下角的➕按钮，如图9-34所示。添
加"调节1"轨道，用来调整视频的色彩参数。

图9-33　添加"青黄"滤镜

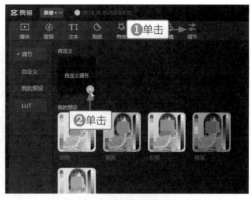

图9-34　设置自定义调节

STEP 05 在"调节"面板中拖曳滑块，设置"亮度"参数为-5、"对比度"参数为5、"高
光"参数为-10、"阴影"参数为5、"光感"参数为-7、"锐化"参数为10，降低曝光，提
高画面清晰度，如图9-35所示。

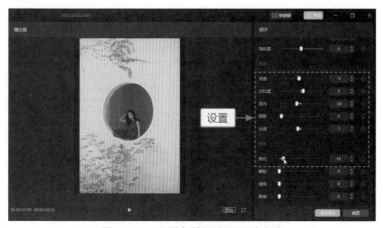

图9-35　设置参数提高画面清晰度

STEP 06 拖曳滑块，设置"色温"参数为-10、"色调"参数为-12、"饱和度"参数为-6，让画面色调偏青色，如图9-36所示。

图9-36 设置参数让画面色调偏青色

STEP 07 ①切换至HSL选项卡；②选择黄色选项◯；③拖曳滑块，设置"饱和度"参数为-29，降低画面中的黄色比例，如图9-37所示。

图9-37 设置参数降低画面中的黄色比例

STEP 08 ①选择绿色选项◯；②拖曳滑块，设置"饱和度"参数为-5、"亮度"参数为12，让画面更清透，如图9-38所示。

图9-38 设置参数让画面更清透

STEP 09 ❶选择青色选项◯；❷拖曳滑块，设置"色相"参数为32、"饱和度"参数为20，增加画面中的青色比例，如图9-39所示。

STEP 10 ❶单击"特效"按钮；❷单击"变清晰"特效右下角的⊕按钮，添加特效，如图9-40所示。调整特效时长，对齐视频分割的位置。

STEP 11 拖曳时间指示器至视频分割的位置，❶切换至"氛围"选项卡；❷单击"星火"特效

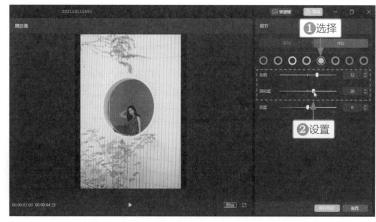

图9-39 设置参数增加画面中的青色比例

右下角的⊕按钮，添加特效，如图9-41所示。上述操作完成后，即为调色成功。

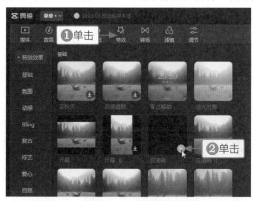

图9-40 添加"变清晰"特效

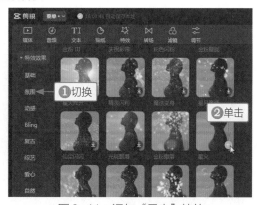

图9-41 添加"星火"特效

9.1.4 暗雅色调

【效果说明】：暗调人像的特点在于用暗灰的背景衬托主体，产生一种高级的氛围感。暗雅色调调色的原图与效果对比，如图9-42所示。

案例效果　　　教学视频

图9-42 暗雅色调调色的原图与效果对比

STEP 01 在剪映中，将视频素材导入"本地"选项卡中，单击视频素材右下角的 ⊕ 按钮，把素材添加到视频轨道中，如图9-43所示。

STEP 02 ❶拖曳时间指示器至视频00:00:01:21的位置；❷单击"分割"按钮 Ⅱ，如图9-44所示。

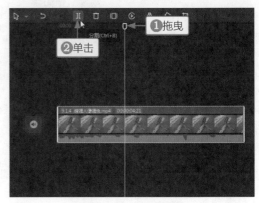

图9-43 添加视频素材到视频轨道　　　　　　图9-44 分割视频

STEP 03 ❶单击"调节"按钮；❷单击"自定义调节"右下角的 ⊕ 按钮，如图9-45所示。

STEP 04 添加"调节1"轨道，用来调整视频的色彩参数，如图9-46所示。

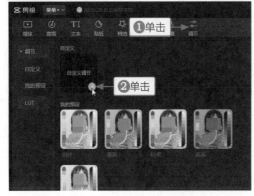

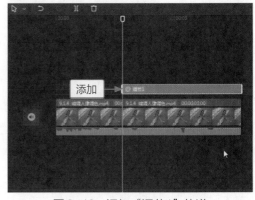

图9-45 设置自定义调节　　　　　　图9-46 添加"调节1"轨道

STEP 05 在"调节"面板中拖曳滑块，设置"对比度"参数为12、"高光"参数为-15、"阴影"参数为17，调整画面明度，如图9-47所示。

STEP 06 ❶切换至HSL选项卡；❷选择红色选项 ◯；❸拖曳滑块，设置"饱和度"参数为-55，降低画面中红色的饱和度，如图9-48所示。

图9-47 设置参数调整画面明度

图9-48 设置参数降低画面中红色的饱和度

STEP 07 ①选择橙色选项〇；②拖曳滑块，设置"色相"参数为-17、"饱和度"参数为-19、"亮度"参数为17，让红色暗得更加自然，如图9-49所示。

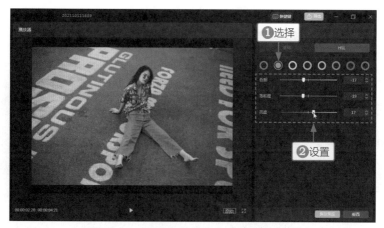

图9-49 设置参数让红色暗得更加自然

STEP 08 ①选择黄色选项〇；②拖曳滑块，设置"色相"参数为-100、"饱和度"参数为-37，让衣服和眼镜的色彩更暗，如图9-50所示。

图9-50 设置参数让衣服和眼镜的色彩更暗

STEP 09 ❶选择绿色选项◯；❷拖曳滑块，设置"饱和度"参数为-100，降低绿色的饱和度，如图9-51所示。同理，设置青色、蓝色、紫色和洋红色选项的"饱和度"参数都为-100，降低杂色饱和度。

STEP 10 ❶单击"特效"按钮；❷单击"变清晰"特效右下角的⊕按钮，添加特效，如图9-52所示。调整特效时长，对齐视频分割的位置。

STEP 11 拖曳时间指示器至视频分割的位置，❶切换至"边框"选项卡；❷单击"美漫边框"特效

图9-51 设置参数降低绿色的饱和度

右下角的⊕按钮，添加特效，如图9-53所示。上述操作完成后，即为调色成功。

图9-52 添加"变清晰"特效

图9-53 添加"美漫边框"特效

9.2 暖系人像调色

在室内或室外暖光的环境下拍摄的人像很适合暖系人像调色，像港风色调色彩偏红或者偏黄，明媚色调则色彩比较饱满，能最大限度地突出画面中人物的情绪。

9.2.1 港风色调

【效果说明】：港风色调下的人像自带复古感，色调主色多是红色，比如复古红或者铁锈红，从而最大限度突出人像的气场和魅力。港风色调调色的原图与效果对比，如图9-54所示。

案例效果　教学视频

STEP 01 在剪映中，将视频素材导入"本地"选项卡中，单击视频素材右下角的⊕按钮，把素材添加到视频轨道中，如图9-55所示。

STEP 02 ❶拖曳时间指示器至视频00:00:01:21的位置；❷单击"分割"按钮▯；❸复制并粘

贴分割出来的视频素材至画中画轨道中，如图9-56所示。

图9-54　港风色调调色的原图与效果对比

图9-55　添加视频素材到视频轨道

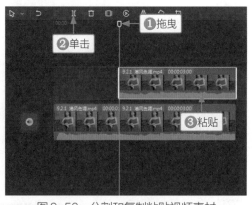

图9-56　分割和复制粘贴视频素材

STEP 03 ❶切换至"抠像"选项卡；❷单击"智能抠像"按钮，把画中画轨道中视频素材的人像抠出来，如图9-57所示。

STEP 04 ❶切换至"基础"选项卡；❷拖曳滑块，设置"磨皮"参数为100、"瘦脸"参数为50，为人像脸部进行美颜处理，如图9-58所示。

图9-57　设置智能抠像

STEP 05 ❶单击"滤镜"按钮；❷切换至"复古"选项卡；❸单击"港风"滤镜右下角的⊕按钮，添加滤镜，进行初步调色，如图9-59所示。

STEP 06 ❶单击"调节"按钮；❷单击"自定义调节"右下角的➕按钮，如图9-60所示。添加"调节1"轨道，用来调整视频的色彩参数。

图9-58　设置参数为人像脸部美颜

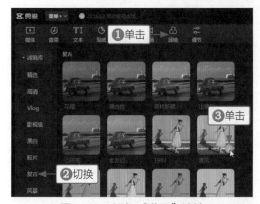

图9-59　添加"港风"滤镜

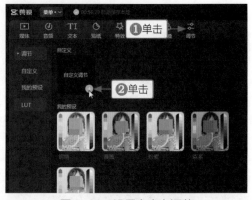

图9-60　设置自定义调节

STEP 07 在"调节"面板中拖曳滑块，设置"色温"参数为6、"色调"参数为7、"饱和度"参数为8、"亮度"参数为4、"对比度"参数为4、"高光"参数为-6、"光感"参数为-6，调整画面的明度和色彩，如图9-61所示。

图9-61　设置参数调整画面的明度和色彩

STEP 08 ❶切换至HSL选项卡；❷选择红色选项〇；❸拖曳滑块，设置"饱和度"参数为36、"亮度"参数为7，提亮画面中的红色色彩，如图9-62所示。

图9-62　设置参数提亮画面中的红色色彩

STEP 09 ❶选择橙色选项◉；❷拖曳滑块，设置"色相"参数为6、"饱和度"参数为22，使红色变成橙红色，如图9-63所示。

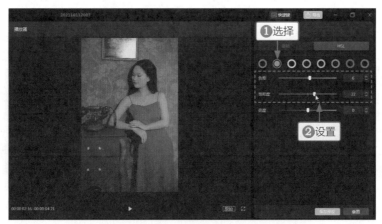

图9-63　设置参数使画面中的红色变成橙红色

STEP 10 ❶选择黄色选项◉；❷拖曳滑块，设置"饱和度"参数为18，让人物皮肤变得白皙一些，如图9-64所示。

图9-64　设置参数让人物皮肤变得白皙

STEP 11 ❶选择紫色选项◎；❷拖曳滑块，设置"饱和度"参数为-28，让画面色调更加偏红色，如图9-65所示。

STEP 12 ❶单击"特效"按钮；❷单击"变清晰"特效右下角的⊕按钮，添加特效，如图9-66所示。

STEP 13 调整"变清晰"特效的时长，对齐视频的分割位置，如图9-67所示。

图9-65　设置参数让画面色调更加偏红色

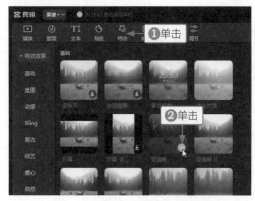

图9-66　添加"变清晰"特效

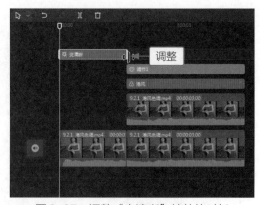

图9-67　调整"变清晰"特效的时长

STEP 14 拖曳时间指示器至视频分割位置，❶切换至"氛围"选项卡；❷单击"金粉"特效右下角的⊕按钮，添加特效，如图9-68所示。

STEP 15 ❶单击"贴纸"按钮；❷搜索"港风"贴纸；❸单击"港野"贴纸右下角的⊕按钮，添加贴纸，如图9-69所示。

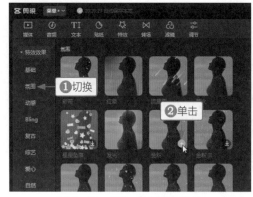

图9-68　添加"金粉"特效

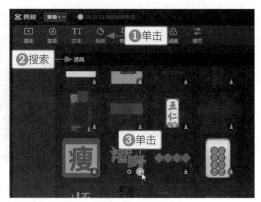

图9-69　添加"港野"贴纸

STEP 16 调整贴纸的大小和位置，如图9-70所示。上述操作完成后，即为调色成功。

图9-70 调整贴纸的大小和位置

9.2.2 明媚色调

【效果说明】：有些视频的图像由于逆光的原因，色彩比较暗，如果想要视频中的人像主体更加突出，可以调整色彩使其变得饱和，让人像变明媚。明媚色调的原图与效果对比，如图9-71所示。

案例效果　　教学视频

图9-71 明媚色调的原图与效果对比

STEP 01 在剪映中，将视频素材导入"本地"选项卡中，单击视频素材右下角的 ⊕ 按钮，把素材添加到视频轨道中，如图9-72所示。

STEP 02 ①拖曳时间指示器至视频00:00:01:20的位置；②单击"分割"按钮Ⅱ；③复制并粘贴分割出来的视频素材至画中画轨道中，如图9-73所示。

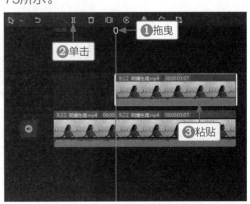

图9-72 导入视频素材　　　　　图9-73 分割和复制粘贴视频素材

STEP 03 ❶切换至"抠像"选项卡；❷单击"智能抠像"按钮，把画中画轨道中视频素材的人像抠出来，如图9-74所示。

图9-74　设置智能抠像

STEP 04 ❶切换至"基础"选项卡；❷拖曳滑块，设置"磨皮"参数为100、"瘦脸"参数为100，对人像脸部进行美颜处理，如图9-75所示。

图9-75　设置参数为人像脸部美颜

STEP 05 ❶单击"调节"按钮；❷在"调节"面板中拖曳滑块，设置"亮度"参数为13、"对比度"参数为9、"高光"参数为10、"光感"参数为9，提高曝光，调整画面明度，如图9-76所示。

图9-76　设置参数调整画面明度

STEP 06 ❶切换至HSL选项卡；❷选择红色选项◯；❸拖曳滑块，设置"饱和度"参数为-13，降低红色色彩的饱和度，提亮人像脸部色彩，如图9-77所示。

STEP 07 ❶选择黄色选项◯；❷拖曳滑块，设置"饱和度"参数为-39，让人像皮肤更加透亮，如图9-78所示。

图9-77　设置参数提亮人像脸部色彩

图9-78　设置参数让人像皮肤更加透亮

STEP 08 ❶选择蓝色选项◯；❷拖曳滑块，设置"饱和度"参数为23，让衣服的色泽更鲜艳，如图9-79所示。

图9-79　设置参数让衣服的色泽更鲜艳

STEP 09 ❶选择紫色选项◯；❷拖曳滑块，设置"饱和度"参数为-100，降低紫色的饱和度，如图9-80所示。

图9-80 设置参数降低紫色的饱和度

STEP 10 ❶选择洋红色选项 ◯；❷拖曳滑块，设置"饱和度"参数为-100，降低杂色饱和度，如图9-81所示。

图9-81 设置参数降低洋红色的饱和度

STEP 11 ❶单击"滤镜"按钮；❷切换至"风景"选项卡；❸单击"晚樱"滤镜右下角的 ⊕ 按钮，添加滤镜，让图像色调更加明媚，如图9-82所示。

STEP 12 调整"晚樱"滤镜的时长，对齐视频素材的末尾位置，如图9-83所示。

图9-82 添加"晚樱"滤镜

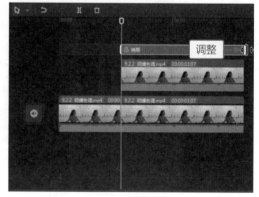

图9-83 调整"晚樱"滤镜的时长

STEP 13 拖曳时间指示器至视频起始位置，❶单击"特效"按钮；❷单击"变清晰"特效右下角的⊕按钮，添加特效，如图9-84所示。

STEP 14 ▶ 调整"变清晰"特效的时长，对齐视频的分割位置，如图9-85所示。

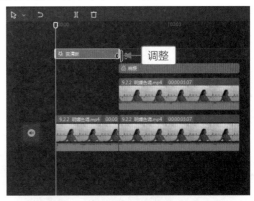

图9-84　添加"变清晰"特效　　　　　　图9-85　调整"变清晰"特效的时长

STEP 15 ▶ ❶单击"贴纸"按钮；❷切换至"手写字"选项卡；❸单击"去海边走走吧"贴纸右下角的⊕按钮，添加贴纸，如图9-86所示。

STEP 16 ▶ 调整贴纸的时长，对齐视频素材的末尾位置，如图9-87所示。

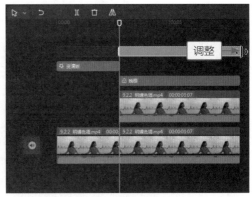

图9-86　添加"去海边走走吧"贴纸　　　　图9-87　调整"去海边走走吧"贴纸的时长

STEP 17 ▶ 调整贴纸的位置，如图9-88所示。上述操作完成后，即为调色成功。

图9-88　调整贴纸的位置

知识导读

网红调色即风靡摄影圈的大火色调。本章通过夜景视频和其他视频来介绍网红调色。在夜景视频调色中，比较受欢迎的主要有赛博朋克色调、黑金色调和蓝橙色调，它们不仅能突出夜景的绚烂，并且极具个性化。关于其他视频调色，则有糖果色调、油画色调和芭比粉色调，都是广受喜爱的视频调色方法。

10 CHAPTER

第10章

网红视频调色

本章重点索引

夜景视频调色

其他视频调色

效果欣赏

10.1 夜景视频调色

夜景视频中通常会有五光十色的灯光效果,可以利用这些灯光变换出各种风格化的色调,比如赛博朋克色调、黑金色调和蓝橙色调,这些色调能让视频更具特色,更加与众不同。

10.1.1 赛博朋克色调

【效果说明】:赛博朋克色调的画面以蓝色和洋红色为主,效果比较偏蓝紫色,整体偏暗,但是依然保留着细节,具有科技感。赛博朋克色调调色的原图与效果对比,如图10-1所示。

案例效果 教学视频

图 10-1 赛博朋克色调调色的原图与效果对比

STEP 01 在剪映中,将视频素材导入"本地"选项卡中,单击视频素材右下角的 + 按钮,把素材添加到视频轨道中,如图10-2所示。

STEP 02 ❶单击"调节"按钮;❷单击"自定义调节"右下角的 + 按钮,如图10-3所示。添加"调节1"轨道,用来调整视频的色彩参数,并调整其时长,对齐视频素材的时长。

 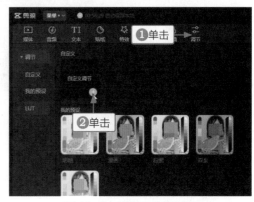

图 10-2 添加视频素材到视频轨道　　　图 10-3 设置自定义调节

STEP 03 在"调节"面板中拖曳滑块,设置"色温"参数为-50、"色调"参数为50,初步调出以蓝色和紫色为主的画面,如图10-4所示。

图10-4 设置参数调出以蓝色和紫色为主的画面

STEP 04 ❶切换至HSL选项卡;❷选择红色选项◎;❸拖曳滑块,设置"色相"参数为-100,让色调偏紫,如图10-5所示。同理,设置橙色和黄色选项的"色相"参数也为-100。

图10-5 设置参数让画面色调偏紫

STEP 05 ❶选择绿色选项◎;❷拖曳滑块,设置"色相"参数为38,让色调偏蓝,如图10-6所示。

图10-6 设置参数让画面色调偏蓝

STEP 06 同理,拖曳滑块,设置青色选项的"色相"参数为43、蓝色选项的"色相"参数为-50、紫色选项的"色相"参数为32、洋红色选项的"色相"参数为-100,让色调偏蓝紫色,如图10-7所示。上述操作完成后,即为调色成功。

图10-7 设置参数让色调偏蓝紫色

10.1.2 黑金色调

【效果说明】：黑金色调绚丽又有神秘感，是以黑金和金色为主的色调，调色思路是把暖色调往金色调，其他色调都降饱和度至最低。黑金色调调色的原图与效果对比，如图10-8所示。

案例效果

教学视频

图10-8 黑金色调调色的原图与效果对比

STEP 01 在剪映中，将视频素材导入"本地"选项卡中，单击视频素材右下角的⊕按钮，把素材添加到视频轨道中，如图10-9所示。

STEP 02 ❶拖曳时间指示器至视频00:00:01:29的位置；❷单击"分割"按钮，如图10-10所示。

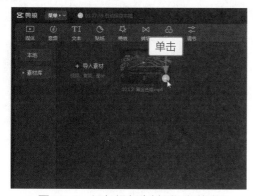

图10-9 添加视频素材到视频轨道

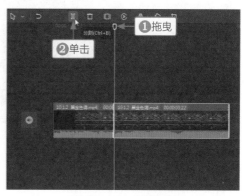

图10-10 分割视频

STEP 03 ❶单击"调节"按钮；❷单击"自定义调节"右下角的⊕按钮，如图10-11所示。

STEP 04 添加"调节1"轨道，用来调整视频的色彩参数。调整"调节1"的时长，对齐视频素材的末尾位置，如图10-12所示。

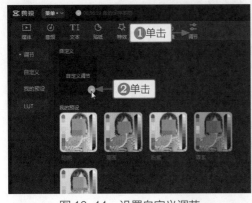
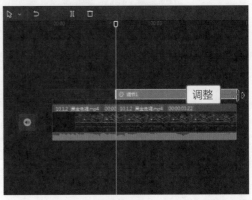

图10-11 设置自定义调节　　　　图10-12 调整时长对齐视频素材

STEP 05 ❶切换至HSL选项卡；❷选择红色选项◉；❸拖曳滑块，设置"饱和度"参数为-100，降低红色的色彩饱和度，如图10-13所示。同理，设置绿色、青色、蓝色、紫色和洋红色选项的"饱和度"参数都为-100，降低杂色，使暗部色调变成黑色。

图10-13 设置参数降低红色的色彩饱和度

STEP 06 ❶选择橙色选项◉；❷拖曳滑块，设置"色相"参数为22、"饱和度"参数为45，将画面中的暖色调变成金色，如图10-14所示。

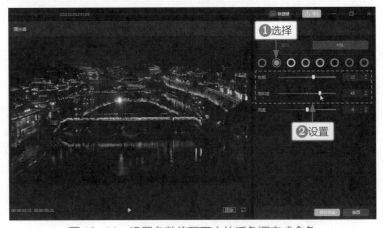

图10-14 设置参数将画面中的暖色调变成金色

STEP 07 ❶单击"特效"按钮；❷切换至"自然"选项卡；❸单击"孔明灯"特效右下角的⊕按钮，添加特效，如图10-15所示。

STEP 08 ▶ 调整"孔明灯"特效的时长，对齐视频素材的末尾位置，如图10-16所示。上述操作完成后，即为调色成功。

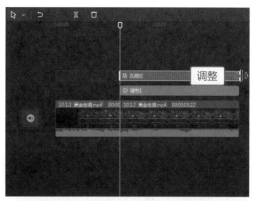

图 10-15　添加"孔明灯"特效　　　　　图 10-16　调整"孔明灯"特效的时长

10.1.3　蓝橙色调

【效果说明】：蓝橙反差的效果很适合夜景视频的调色，反差不仅能增强视觉冲击力，还能提升画面的质感。蓝橙色调调色的原图与效果对比，如图10-17所示。

案例效果　　　教学视频

图 10-17　蓝橙色调调色的原图与效果对比

STEP 01 ▶ 在剪映中，将视频素材导入"本地"选项卡中，单击视频素材右下角的⊕按钮，把素材添加到视频轨道中，如图10-18所示。

STEP 02 ▶ ❶单击"滤镜"按钮；❷切换至"胶片"选项卡；❸单击U2滤镜右下角的⊕按钮，添加滤镜进行调色，如图10-19所示。

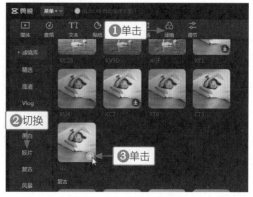

图 10-18　添加视频素材到视频轨道　　　图 10-19　添加U2滤镜

STEP 03 ①切换至"复古"选项卡；②单击"普林斯顿"滤镜右下角的➕按钮，进行二次调色，如图10-20所示。添加两段滤镜之后，调整其时长，对齐视频素材的时长。

STEP 04 ①单击"调节"按钮；②单击"自定义调节"右下角的➕按钮，如图10-21所示。添加"调节1"轨道，并调整其时长，对齐视频素材的时长。

图 10-20　添加"普林斯顿"滤镜

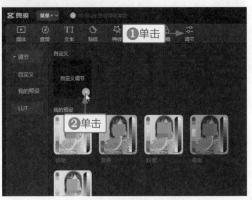

图 10-21　设置自定义调节

STEP 05 在"调节"面板中拖曳滑块，设置"色温"参数为15、"色调"参数为50、"饱和度"参数为50、"对比度"参数为10，增加蓝橙反差，如图10-22所示。上述操作完成后，即为调色成功。

图 10-22　设置参数增加蓝橙反差

10.2 其他视频调色

在短视频平台上最受欢迎的几种网红色调莫过于糖果色调、油画色调和芭比粉色调了，这些靓丽的色调给人以积极、阳光的印象，看到后心情都会变好。

10.2.1 糖果色调

【效果说明】：糖果色调画面非常简洁，以青色和橙色为主调，色彩鲜艳，就像糖果包装纸一样，给人温暖甜蜜的感觉。糖果色调调色的原图与效果对比，如图10-23所示。

案例效果

教学视频

图10-23 糖果色调调色的原图与效果对比

STEP 01 在剪映中，将视频素材导入"本地"选项卡中，单击视频素材右下角的⊕按钮，把素材添加到视频轨道中，如图10-24所示。

STEP 02 ❶拖曳时间指示器至视频00:00:01:20的位置；❷单击"分割"按钮Ⅱ，如图10-25所示。

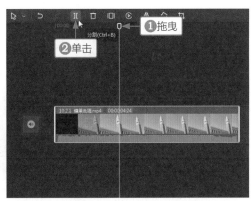

图10-24 添加视频素材到视频轨道 图10-25 分割视频

STEP 03 ❶单击"滤镜"按钮；❷切换至"风景"选项卡；❸单击"远途"滤镜右下角的⊕按钮，添加滤镜，进行初步调色，如图10-26所示。

STEP 04 调整"远途"滤镜的时长，对齐视频素材的末尾位置，如图10-27所示。

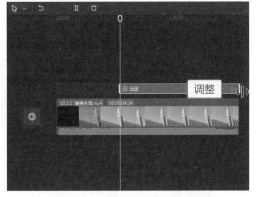

图10-26 添加"远途"滤镜 图10-27 调整"远途"滤镜的时长

STEP 05 ❶单击"调节"按钮；❷单击"自定义调节"右下角的⊕按钮，如图10-28所示。

STEP 06 添加"调节1"轨道，用来调整视频的色彩参数。调整"调节1"的时长，对齐视频素材的末尾位置，如图10-29所示。

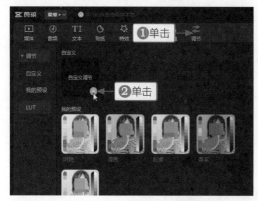

图10-28　设置自定义调节

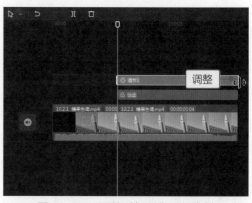

图10-29　调整时长对齐视频素材

STEP 07 在"调节"面板中拖曳滑块，设置"色温"参数为-16、"亮度"参数为16、"光感"参数为-39，调整画面的明度和色彩，如图10-30所示。

图10-30　设置参数调整画面的明度和色彩

STEP 08 ❶切换至HSL选项卡；❷选择红色选项◯；❸拖曳滑块，设置"色相"参数为65、"饱和度"参数为72、"亮度"参数为86，调整画面中的红色色彩，如图10-31所示。

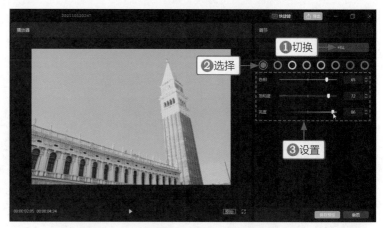

图10-31　设置参数调整画面中的红色色彩

STEP 09 ❶选择橙色选项◯；❷拖曳滑块，设置"色相"参数为28、"饱和度"参数为72、"亮度"参数为55，调整高楼的色彩，使其为橙色，如图10-32所示。

STEP 10 ❶选择黄色选项◯；❷拖曳滑块，设置"色相"参数为-54、"饱和度"参数为18，提亮高楼的色彩，如图10-33所示。

图 10-32　设置参数调整高楼的色彩为橙色

图 10-33　设置参数提亮高楼的色彩

STEP 11 ❶选择青色选项◯；❷拖曳滑块，设置"色相"参数为-38、"饱和度"参数为75、"亮度"参数为-55，让天空的色彩变成青色，如图10-34所示。

图 10-34　设置参数让天空的色彩变成青色

STEP 12 ❶选择蓝色选项◯；❷拖曳滑块，设置"色相"参数为-100、"饱和度"参数为15、"亮度"参数为30，降低蓝色色相，让天空的色彩更加偏青色，如图10-35所示。

图 10-35　设置参数让天空的色彩更加偏青色

STEP 13 ❶单击"特效"按钮；❷切换至"氛围"选项卡；❸单击"星火"特效右下角的 ⊕ 按钮，添加特效，如图10-36所示。

STEP 14 调整"星火"特效的时长，对齐视频素材的末尾位置，如图10-37所示。上述操作完成后，即为调色成功。

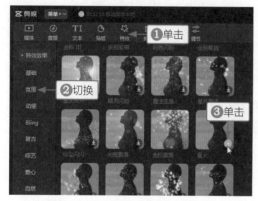

图 10-36　添加"星火"特效

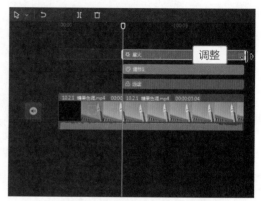

图 10-37　调整"星火"特效的时长

10.2.2 油画色调

【效果说明】：油画色调色彩丰富，画面纹理清晰，图像逼真又写实，非常适合用于风光视频中。油画色调调色的原图与效果对比，如图10-38所示。

案例效果　　教学视频

图 10-38　油画色调调色的原图与效果对比

STEP 01 在剪映中，将视频素材导入"本地"选项卡中，单击视频素材右下角的 ⊕ 按钮，把素材添加到视频轨道中，如图10-39所示。

STEP 02 ❶拖曳时间指示器至视频00:00:01:22的位置；❷单击"分割"按钮 ，如图10-40所示。

图 10-39 添加视频素材到视频轨道

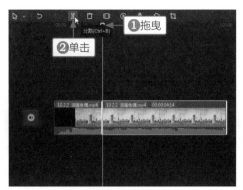

图 10-40 分割视频

STEP 03 ❶单击"特效"按钮；❷切换至"纹理"选项卡；❸单击"油画纹理"特效右下角的 ⊕ 按钮，添加特效，进行初步调色，如图10-41所示。

STEP 04 调整"油画纹理"特效的时长，对齐视频素材的末尾位置，如图10-42所示。

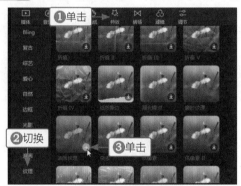

图 10-41 添加"油画纹理"特效

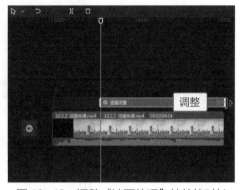

图 10-42 调整"油画纹理"特效的时长

STEP 05 ❶单击"调节"按钮；❷单击"自定义调节"右下角的 ⊕ 按钮，如图10-43所示。

STEP 06 添加"调节1"轨道，用来调整视频的色彩参数。调整"调节1"的时长，对齐视频素材的末尾位置，如图10-44所示。

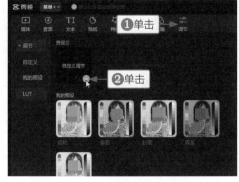

图 10-43 设置自定义调节

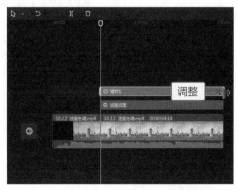

图 10-44 调整时长对齐视频素材

STEP 07 在"调节"面板中拖曳滑块，设置"饱和度"参数为14、"对比度"参数为12、"锐化"参数为100、"颗粒"参数为39、"褪色"参数为6，调整画面的色彩和明度，使油画效果更加明显，如图10-45所示。

图10-45 设置参数调整画面的色彩和明度

STEP 08 ❶切换至HSL选项卡；❷选择橙色选项◯；❸拖曳滑块，设置"饱和度"参数为100，提高画面中橙色物体的色彩饱和度，如图10-46所示。

图10-46 设置参数提高画面中橙色物体的色彩饱和度

STEP 09 ❶选择洋红色选项◯；❷拖曳滑块，设置"饱和度"参数为19，微微提高花朵的色彩饱和度，如图10-47所示。同理，设置黄色、绿色、蓝色和紫色选项的"饱和度"参数都为19，提高画面整体的色彩饱和度。

图10-47 设置参数提高画面中花朵的色彩饱和度

STEP 10 ❶单击"特效"按钮；❷切换至"氛围"选项卡；❸单击"星火"特效右下角的⊕按钮，添加特效，如图10-48所示。

STEP 11 调整"星火"特效的时长，对齐视频素材的末尾位置，如图10-49所示。上述操作完成后，即为调色成功。

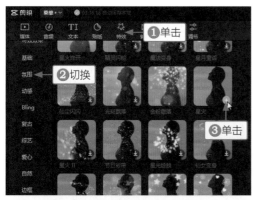
图 10-48　添加"星火"特效

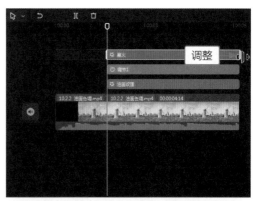
图 10-49　调整"星火"特效的时长

10.2.3 芭比粉色调

【效果说明】：芭比粉色调比较梦幻，是很"少女心"的一个色调，也是非常吸睛的一个色调。芭比粉色调调色的原图与效果对比，如图10-50所示。

案例效果　　教学视频

图 10-50　芭比粉色调调色的原图与效果对比

STEP 01 在剪映中，将视频素材导入"本地"选项卡中，单击视频素材右下角的 ⊕ 按钮，把素材添加到视频轨道中，如图10-51所示。

STEP 02 ❶拖曳时间指示器至视频00:00:01:21的位置；❷单击"分割"按钮 ，如图10-52所示。

STEP 03 ❶单击"调节"按钮；❷单击"自定义调节"右下角的 ⊕ 按钮，如图10-53所示。添加"调节1"轨道，用来调整视频的色彩参数。

STEP 04 ❶单击"贴纸"按钮；❷切换至LOVE选项卡；❸单击所选贴纸右下角的 ⊕ 按钮，添加粉色的爱心贴纸，如图10-54所示。

图 10-51 添加视频素材到视频轨道

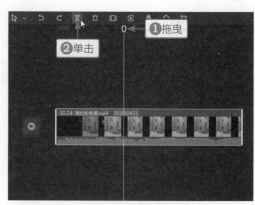

图 10-52 分割视频

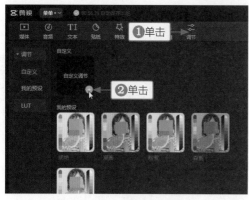

图 10-53 设置自定义调节

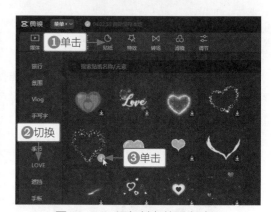

图 10-54 添加粉色的爱心贴纸

STEP 05 选择"调节1"素材，在"调节"面板中拖曳滑块，设置"色温"参数为29、"色调"参数为-25、"饱和度"参数为23、"高光"参数为-50、"阴影"参数为30，调整画面的明度和色彩，如图10-55所示。

图 10-55 设置参数调整画面的明度和色彩

STEP 06 ❶切换至HSL选项卡；❷选择红色选项 ◯；❸拖曳滑块，设置"色相"参数为-100、"饱和度"参数为-34、"亮度"参数为41，让部分物体变成粉红色，如图10-56所示。

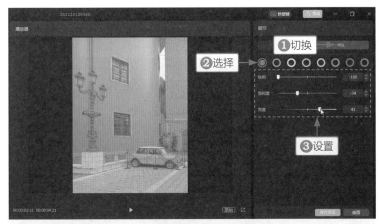

图 10-56 设置参数让部分物体变成粉红色

STEP 07 ❶选择橙色选项◯；❷拖曳滑块，设置"色相"参数为-100、"饱和度"参数为-38、"亮度"参数为-29，使画面整体色调变成粉色，如图10-57所示。

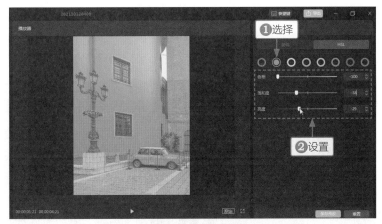

图 10-57 设置参数使画面整体色调变成粉色

STEP 08 ❶选择黄色选项◯；❷拖曳滑块，设置"色相"参数为-31、"饱和度"参数为-27、"亮度"参数为96，让粉色再浅一些，如图10-58所示。

图 10-58 设置参数让粉色再浅一些

STEP 09 ❶选择绿色选项◯; ❷拖曳滑块,设置"色相"参数为-85、"饱和度"参数为-60、"亮度"参数为100,调整局部色彩,如图10-59所示。

图10-59 设置参数调整局部色彩

STEP 10 ❶选择青色选项◯; ❷拖曳滑块,设置"色相"参数为-70、"饱和度"参数为-100、"亮度"参数为-65,调整画面中窗户的色彩,使整体的粉色效果再浅一些,如图10-60所示。上述操作完成后,即为调色成功。

图10-60 设置参数调整画面整体的粉色效果

知识导读

　　如今越来越多人喜欢用视频的方式记录生活，网络中也有许多人用Vlog短视频来分享自己的见闻。在Vlog视频的编辑与制作过程中，调色是必不可少的一项工作，因为精美的图像色调能让视频画面更加精致和专业，从而增加视频的吸引力。本章主要介绍Vlog视频调色的前期准备和Vlog视频的调色案例，为大家提供一些调色思路。

11CHAPTER

第11章

Vlog视频调色

本章重点索引

■ Vlog视频调色前期准备

■ Vlog视频调色案例

效果欣赏

11.1 Vlog视频调色前期准备

Vlog是video blog的缩写，指的是一种将图像、音乐和文字合为一体，再经过剪辑美化，能够表达出创作者的思想和展示创作者日常生活的视频日记。本节主要为读者介绍Vlog视频调色前期准备，主要包括设备准备、光线和构图准备。

11.1.1 设备准备

拍摄Vlog视频需要的设备有拍摄工具、收音工具和稳定工具，下面为大家简单介绍这些工具。

1. 拍摄工具

对于绝大多数新手来说，拍摄Vlog短视频其实只要一部手机就足够了。现在的手机在摄影摄像上的功能开发，已经完全可以满足我们的视频拍摄需求。

手机轻巧、方便，想拍就可以拍，是新手最佳的拍摄工具。手机中有很多专业的拍摄功能，能满足很多视频当中的技巧展示，我们在后期剪辑时用手机导入也会比较轻松。

更便捷轻盈的拍摄工具还有口袋相机，如大疆OSMO pocket口袋相机，这款口袋相机算是拍摄Vlog的"神器"了，其轻便的机身及长条形的设计，可以随身携带，一点都不占地方，如图11-1所示。

图11-1 大疆OSMO pocket口袋相机

2. 收音工具

虽然使用手机和相机拍摄Vlog视频时会自动收音，但要想声音效果更加好听、噪声更少，就需要用专业的麦克风来收音。例如，蓝牙麦克风，相较于有线麦克风，它携带时更方便，体积也小巧，使用时只需要夹在衣领即可，如图11-2所示。蓝牙麦克风的降噪效果十分理想，能过滤掉杂音，还原本人真实的音色。

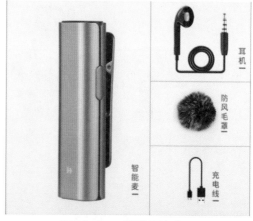

图11-2 无线蓝牙麦克风

除了麦克风，录音笔也能帮助创作者录制出音质较好的Vlog短视频的声音。

采访类、教程类、主持类、情感类或者剧情类的短视频，对声音的要求比较高，必须要使用利于音质的器材，在这里笔者推荐大家可以在TASCAM、ZOOM，以及SONY等品牌中选择一些性价比较高的录音设备。

3. 稳定工具

为了保证Vlog视频拍摄的稳定性，保证画面拍出来不会发抖、模糊，有时候还需要一定的稳定工具，来帮助我们提升Vlog视频的画质。

云台稳定器，是一款非常实用的手持稳定器，它的便携性不错，能让移动拍摄的画面更平稳，有电影画面的效果，还可以帮助我们实现各种拍摄效果，快速完成Vlog作品的拍摄。

手机三脚架，主要作用是在长时间拍摄视频时，能很好地稳定手机或者相机镜头，以实现特别的摄影效果。购买三脚架时注意，它主要起到一个稳定手机或者相机的作用，所以三脚架需要结实。不过，由于三脚架经常需要被携带外出，所以又需要它具有轻便快捷、随身携带的特点。

如图11-3所示，云台稳定器和手机三脚架，它们都是稳定视频画面不可缺少的工具。

图11-3 云台稳定器和手机三脚架

三脚架的优点是稳定和可伸缩，但是它在摆放时需要放置在较平的地面上，而八爪鱼支架刚好能弥补三脚架的缺点。八爪鱼支架非常轻巧，便于携带，还可以兼容手机、单反和微单等拍摄器材。八爪鱼支架通常采用高弹力的胶材质制作，持久耐用，可以反复弯折，不仅可以"爬杆"，还能"倒挂"，可以帮助用户从各种角度拍摄Vlog创意作品，如图11-4所示。

图11-4　手机和相机八爪鱼支架

11.1.2 光线和构图准备

1. 光线准备

光线对于视频拍摄来说至关重要，也决定着视频的清晰度。光线大致可以分为自然光与人造光。

如果拍摄时光线比较黯淡，拍摄的视频就会模糊不清，而光线较亮的时候，拍摄的视频画面就会比较清晰。日常拍摄时主要有顺光拍摄、侧光拍摄和逆光拍摄，运用好光线，就能突出Vlog视频的层次与空间感。

顺光、侧光和逆光拍摄的视频画面，如图11-5所示。

2. 构图准备

好的构图不仅能表现视频中的内容，还能提升Vlog的品质。

不同的场景画面需要不同的构图方式，不同的构图方式也能产生不同的画面效果，下面列举几种常见的构图方式。

横构图是当下视频最常用的一种构图方式，它会给观众一种自然舒适的视觉感受，还能让视频画面的还原度更高。

竖构图就是将手机或相机垂直持握拍摄，拍出来的视频画面拥有更强的立体感，比较适合拍摄具有高大建筑的Vlog短视频题材。

图11-5　顺光、侧光和逆光拍摄的视频画面

前景构图是指利用恰当的前景元素来构图取景,可以使视频画面具有更强烈的纵深感和层次感,同时能极大地丰富视频画面的内容,使视频更加鲜活饱满。

中心构图又可称为中央构图,它能够使主体突出、明确,而且画面可以达到上下左右平衡的效果,更容易抓人眼球。

三分线构图是将视频画面从横向或纵向分为三部分,在拍摄视频时,将对象或焦点放在三分线构图的某一位置上进行取景。

九宫格构图又叫井字形构图,是三分线构图的综合运用形式,是指用横竖各两条直线将画面等分为9个空间,不仅能让画面更符合人眼的视觉习惯,还能突出主体、均衡画面。

框架式构图是让画面的主体处于一个框架里,这个框架可以是方形也可以是圆形,还可以是不规则的形状。框架式构图分为规则框式构图和不规则框式构图。

引导线构图是通过线条来"引导"观众的注意力,引起他们的兴趣。引导线构图中的引导线有直线,也有斜线、对角线和曲线等。

对称构图是指画面中心有一条线把画面分为对称的两份,可以是画面上下对称,也可以是画面左右对称,或者是围绕一个中心点实现画面的径向对称,这种对称画面会给人一种平衡、稳定与和谐的视觉感受。

对比构图的含义很简单,就是通过不同形式的对比,来强化画面的构图,产生不一样的视觉效果。对比构图的意义是通过对比产生区别来强化主体。

以上介绍的部分构图方式,如图11-6所示。

图11-6　部分构图方式汇总

11.2 Vlog视频调色案例

不同类型的Vlog视频需要不同的调色效果，并且Vlog视频中的场景也是由多个画面构成的，因此也需要根据视频画面进行调色。本节主要介绍旅行视频调色、美食视频调色、清新街景调色和治愈蓝系色调。下面将介绍调色案例。

11.2.1 旅行视频调色

【效果说明】：拍摄Vlog视频之前，由于前期做好了准备工作，展现出来的画面效果不会太差，因此后期只需微微调节色彩，并统一多个画面的色调即可。旅行视频调色的原图与效果对比，如图11-7所示。

案例效果　教学视频

图 11-7　旅行视频调色的原图与效果对比

STEP 01 在剪映中，将视频素材导入"本地"选项卡中，单击视频素材右下角的⊕按钮，把素材添加到视频轨道中，如图11-8所示。

STEP 02 在时间线面板中预览视频画面，可以看到这段Vlog视频由多段场景视频构成，因此调色也应该是分段调节的，如图11-9所示。

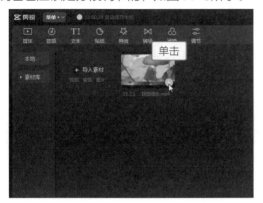

图11-8　添加视频素材到视频轨道

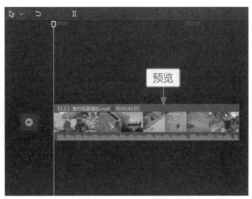

图11-9　在时间线面板中预览视频画面

STEP 03 ❶单击"滤镜"按钮；❷切换至Vlog选项卡；❸单击"夏日风吟"滤镜右下角的⊕按钮，添加滤镜，如图11-10所示。

STEP 04 调整"夏日风吟"滤镜的时长，对齐第一段场景视频的末尾位置，如图11-11所示。

图11-10　添加"夏日风吟"滤镜

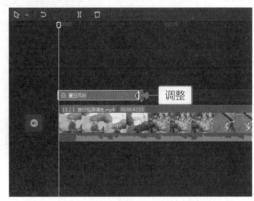

图11-11　调整"夏日风吟"滤镜的时长

STEP 05 用与上同样的操作方法，为剩下的视频素材分段添加合适的滤镜，并设置合适的"滤镜强度"参数，使视频画面的色调接近，如图11-12所示。

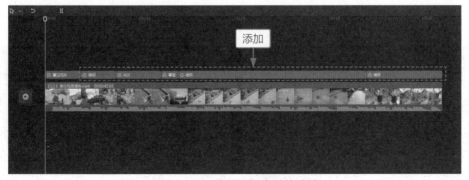

图11-12　分段添加合适的滤镜

STEP 06 拖曳时间指示器至视频00:00:14:02的位置，❶单击"调节"按钮；❷单击"自定义调节"右下角的➕按钮，如图11-13所示。

STEP 07 为有鸽子出现的这段素材添加"调节1"轨道，用来调整画面的色彩参数。调整"调节1"的时长，对齐视频素材的末尾位置，如图11-14所示。

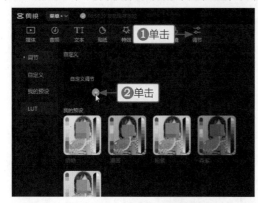

图11-13　设置自定义调节

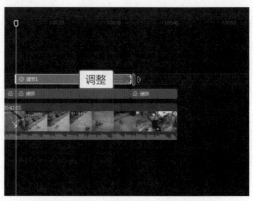

图11-14　调整时长对齐视频素材

STEP 08 在"调节"面板中拖曳滑块，设置"色温"参数为3、"饱和度"参数为-6、"对比度"参数为9、"高光"参数为-4、"光感"参数为-8，如图11-15所示，微调画面色彩和明度，优化画面细节。上述操作完成后，即为调色成功。

图11-15　设置参数微调画面色彩和明度

11.2.2　美食视频调色

【效果说明】：金黄色的食物特别容易让人产生食欲，美食视频的调色可以抓住这个点，让视频中的食物更诱人。美食视频调色的原图与效果对比，如图11-16所示。

案例效果

教学视频

图11-16　美食视频调色的原图与效果对比

STEP 01 在剪映中，将视频素材导入"本地"选项卡中，单击视频素材右下角的 + 按钮，把素材添加到视频轨道中，如图11-17所示。

STEP 02 在时间线面板中预览视频画面，可以看到这段美食视频的色彩饱和度较低，需要提亮画面的色调，如图11-18所示。

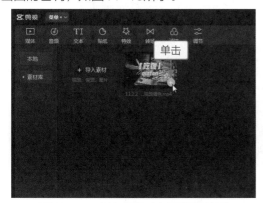

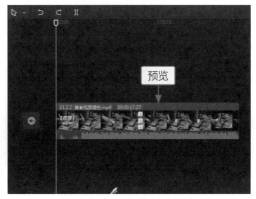

图 11-17　添加视频素材到视频轨道　　　　图 11-18　在时间线面板中预览视频画面

STEP 03 ❶单击"调节"按钮；❷单击"自定义调节"右下角的 + 按钮，如图11-19所示。

STEP 04 为视频素材添加"调节1"轨道，用来调整画面的色彩参数。调整"调节1"的时长，对齐视频素材的末尾位置，如图11-20所示。

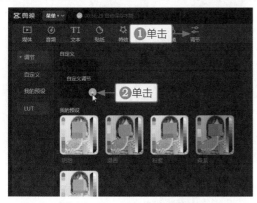

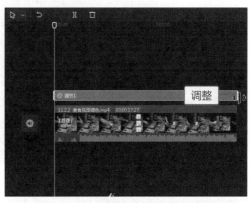

图 11-19　添加自定义调节　　　　　　　图 11-20　调整时长对齐视频素材

STEP 05 在"调节"面板中拖曳滑块，设置"亮度"参数为-15、"对比度"参数为5、"高光"参数为-11、"阴影"参数为8、"光感"参数为-10，降低曝光，调整画面明度，如图11-21所示。

图 11-21　设置参数调整画面明度

STEP 06 拖曳滑块，设置"色温"参数为4、"色调"参数为4、"饱和度"参数为4，微调画面色彩，如图11-22所示。

图 11-22　设置参数微调画面色彩

STEP 07 ❶切换至HSL选项卡；❷选择红色选项◯；❸拖曳滑块，设置"色相"参数为11、"饱和度"参数为14，调整食物的红色色彩，如图11-23所示。

图 11-23　设置参数调整食物的红色色彩

STEP 08 ❶选择橙色选项◯；❷拖曳滑块，设置"饱和度"参数为9、"亮度"参数为4，调整食物的橙色色彩，如图11-24所示。

图 11-24　设置参数调整食物的橙色色彩

STEP 09 ❶选择黄色选项◯；❷拖曳滑块，设置"色相"参数为−13、"饱和度"参数为13，提亮食物的色彩饱和度，如图11-25所示。

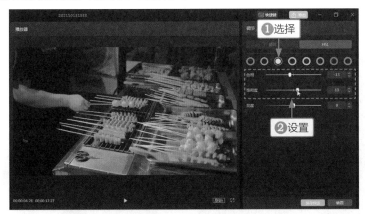

图11-25　设置参数提亮食物的色彩饱和度

STEP 10 ❶选择绿色选项◯；❷拖曳滑块，设置"饱和度"参数为−100，降低视频画面中的杂色饱和度，让食物的色泽更加自然，如图11-26所示。上述操作完成后，即为调色成功。

图11-26　设置参数让食物的色泽更加自然

11.2.3　清新街景调色

【效果说明】：街景视频有时会因为画面中的人或物品过多而显得杂乱，有时还会因街道阴暗而使画面曝光不足，并且有点暗，对于这种视频可后期调出清新色调，使画面整体变得清透自然。清新街景调色的原图与效果对比，如图11-27所示。

案例效果　　教学视频

图11-27　清新街景调色的原图与效果对比

STEP 01 在剪映中，将视频素材导入"本地"选项卡中，单击视频素材右下角的⊕按钮，把素材添加到视频轨道中，如图11-28所示。

STEP 02 ❶单击"滤镜"按钮；❷切换至Vlog选项卡；❸单击"日系奶油"滤镜右下角的⊕按钮，添加滤镜，进行初步调色，如图11-29所示。

图11-28　添加视频素材到视频轨道

图11-29　添加"日系奶油"滤镜

STEP 03 ❶单击"调节"按钮；❷单击"自定义调节"右下角的⊕按钮，如图11-30所示。

STEP 04 为视频素材添加"调节1"轨道，用来调整画面的色彩参数。调整"日系奶油"滤镜和"调节1"的时长，对齐视频素材的末尾位置，如图11-31所示。

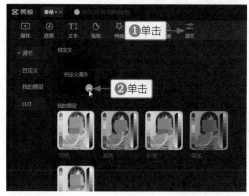

图11-30　设置自定义调节

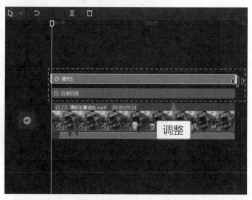

图11-31　调整时长对齐视频素材

STEP 05 在"调节"面板中拖曳滑块，设置"亮度"参数为21、"对比度"参数为11、"高光"参数为-8、"阴影"参数为12、"光感"参数为-9，提高曝光，调整画面明度，如图11-32所示。

图11-32　设置参数调整画面明度

STEP 06 ❶切换至HSL选项卡；❷选择红色选项◯；❸拖曳滑块，设置"色相"参数为18、"饱和度"参数为14，调整画面中红色物体的色彩，如图11-33所示。

图11-33　设置参数调整画面中红色物体的色彩

STEP 07 ❶选择橙色选项◯；❷拖曳滑块，设置"色相"参数为13、"饱和度"参数为14，调整画面中橙色物体的色彩，如图11-34所示。

图11-34　设置参数调整画面中橙色物体的色彩

STEP 08 ❶选择黄色选项◯；❷拖曳滑块，设置"色相"参数为18、"饱和度"参数为15、"亮度"参数为19，调整画面中黄色物体的色彩，如图11-35所示。

图11-35　设置参数调整画面中黄色物体的色彩

STEP 09 ❶选择绿色选项◯；❷拖曳滑块，设置"色相"参数为19、"饱和度"参数为23、"亮度"参数为19，调整画面中绿色物体的色彩，让绿树更苍翠，如图11-36所示。

图 11-36　设置参数调整画面中绿色物体的色彩

STEP 10 ❶选择青色选项◯；❷拖曳滑块，设置"色相"参数为12、"饱和度"参数为27，让画面中的冷色调更加清透，如图11-37所示。上述操作完成后，即为调色成功。

图 11-37　设置参数让画面中的冷色调更加清透

11.2.4 治愈系蓝色调

【效果说明】：蓝色给人一种静谧和安逸的感觉，治愈系蓝色调能让灰暗的视频变得有故事感，具有治愈和沉静人心的效果。治愈系蓝色调的原图与效果对比，如图11-38所示。

案例效果　　教学视频

图 11-38　治愈系蓝色调的原图与效果对比

STEP 01 在剪映中，将视频素材导入"本地"选项卡中，单击视频素材右下角的⊕按钮，把素材添加到视频轨道中，如图11-39所示。

STEP 02 在时间线面板中预览视频画面，可以看到这段视频的色彩饱和度较低，需要调成蓝色的色调，如图11-40所示。

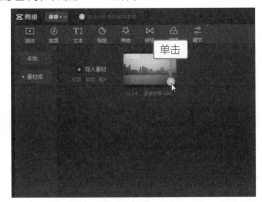

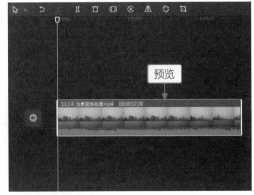

图 11-39　添加视频素材到视频轨道　　　　图 11-40　在时间线面板中预览视频画面

STEP 03 ❶单击"调节"按钮；❷单击"自定义调节"右下角的⊕按钮，如图11-41所示。

STEP 04 为视频素材添加"调节1"轨道，用来调整画面的色彩参数。调整"调节1"的时长，对齐视频素材的末尾位置，如图11-42所示。

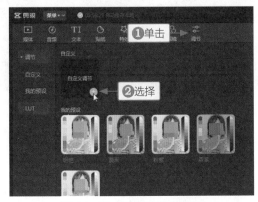

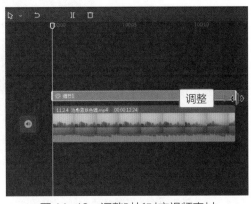

图 11-41　设置自定义调节　　　　　　图 11-42　调整时长对齐视频素材

STEP 05 在"调节"面板中拖曳滑块，设置"色温"参数为-20、"色调"参数为11、"饱和度"参数为-15、"对比度"参数为13、"阴影"参数为11、"锐化"参数为22，提高画面清晰度，让画面色调变蓝，如图11-43所示。

图 11-43　设置参数让画面色调变蓝

209

STEP 06 ❶切换至HSL选项卡；❷选择蓝色选项⬤；❸拖曳滑块，设置"色相"参数为16、"饱和度"参数为32，减少灰度，让画面偏蓝一些，如图11-44所示。

图11-44　设置参数让画面偏蓝

STEP 07 ❶选择紫色选项⬤；❷拖曳滑块，设置"色相"参数为-60、"饱和度"参数为21，提亮画面暗角，如图11-45所示。

图11-45　设置参数提亮画面暗角

STEP 08 ❶单击"贴纸"按钮；❷在搜索栏中搜索"自行车"贴纸；❸单击所选"自行车"贴纸右下角的⊕按钮，添加贴纸，如图11-46所示。

STEP 09 ❶切换至"黑白线条"选项卡；❷单击"猫咪"贴纸右下角的⊕按钮，添加贴纸，如图11-47所示。按照同样的方法，搜索并添加"轮船"贴纸。

图11-46　添加"自行车"贴纸

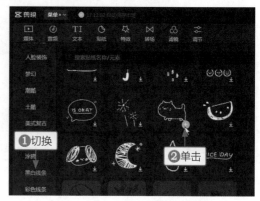

图11-47　添加"猫咪"贴纸

STEP 10 调整三款贴纸在轨道中的时长和位置，使画面先出现"自行车"贴纸，再出现"猫咪"贴纸，最后出现"轮船"贴纸，如图11-48所示。

STEP 11 拖曳时间指示器至视频00:00:09:24的位置，搜索并添加"海边"文字贴纸，如图11-49所示。

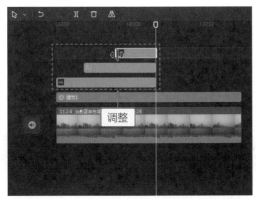 

　. 图11-48　调整三款贴纸的时长和位置　　　　图11-49　添加"海边"贴纸

STEP 12 调整三款贴纸在画面中的大小和位置，如图11-50所示。上述操作完成后，即为调色成功。

图11-50　调整三款贴纸在画面中的大小和位置

"电影感"通常由很多元素构成，如独特的构图、特别的调色、高分辨率的画面、多种运镜方式，还有景深等画面效果。其中，调色是电影后期处理中必不可少的一部分。好的电影色调能让视频更具"电影感"，也能更方便地诠释电影的主题。本章主要解析几部经典电影的色调，帮助大家厘清思路，从而也能调出相同的电影色调。

12 CHAPTER

第12章

电影风格调色

 本章重点索引

■▬ 《天使爱美丽》电影调色   ■▬ 《地雷区》电影调色

■▬ 《月升王国》电影调色   ■▬ 《小森林》电影调色

■▬ 《布达佩斯大饭店》电影调色

 效果欣赏

12.1 《天使爱美丽》电影调色

一部温暖搞笑的喜剧片离不开后期调色，电影《天使爱美丽》色调对比强烈，极具风格化，用色彩传递了主角艾米丽有趣和独特的灵魂，高饱和的冷暖色对比是这部电影的调色风格，也是其灵魂所在。本节主要解析电影《天使爱美丽》的色调及其调色方法。

案例效果　　　教学视频

12.1.1 调色解说

暖色调与冷色调为互补色，突出这两种色调之间的冷暖对比，能够让电影画面效果更加鲜艳和引人注目。

在色相环中，假如分割线穿插于紫色与浅绿色之间，则分割线右边的红色、橙色、黄色等颜色就是暖色，左边的蓝色、青色和绿色等颜色就是冷色，如图12-1所示。

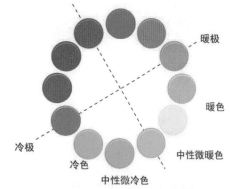

图12-1 暖色与冷色的色相图

使用冷暖对比色调，能为电影效果带来不一样的视觉体验，尤其是偏复古和梦幻的电影，如《好莱坞往事》《爱乐之城》等。

在电影《天使爱美丽》中，红色、橙色等暖色调与绿色等冷色调的对比配合用到了极致，整部电影在这两种色调的调和下产生了不一样的化学反应，如图12-2所示。高饱和的强对比色调，表现了有"心脏病"的女主艾米丽在追求爱情中的矛盾与挣扎。

图12-2 电影《天使爱美丽》的暖色调与冷色调对比

12.1.2 调色方法

【效果说明】：使用冷暖色调对电影进行调色，需要提高画面中暖色和冷色的饱和度，增强对比。冷暖色调对比调色的原图与效果对比，如图12-3所示。

图 12-3　冷暖色调对比调色的原图与效果对比

STEP 01 在"本地"选项卡中单击素材右下角的 + 按钮，添加素材，如图12-4所示。

STEP 02 拖曳同一段素材至画中画轨道，对齐视频轨道中的素材，如图12-5所示。

图 12-4　添加视频素材到视频轨道

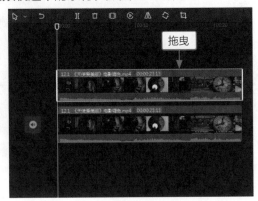

图 12-5　拖曳素材至画中画轨道

STEP 03 ❶单击"文本"按钮；❷切换至"花字"选项卡；❸单击所选花字右下角的 + 按钮，添加两段文字，如图12-6所示。

STEP 04 输入文字内容后，调整两段文字的时长，对齐视频素材的时长，如图12-7所示。

图12-6　添加花字

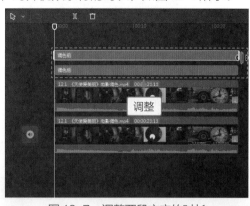

图12-7　调整两段文字的时长

STEP 05 选择视频轨道中的素材，❶设置画面比例为9:16；❷调整画面和文字的位置；❸单击"调节"按钮；❹在"调节"面板中拖曳滑块，设置"色温"参数为-7、"色调"参数为8、"饱和度"参数为25、"亮度"参数为15、"锐化"参数为10，制作色彩对比效果，校正调色后素材的明度和色彩，如图12-8所示。

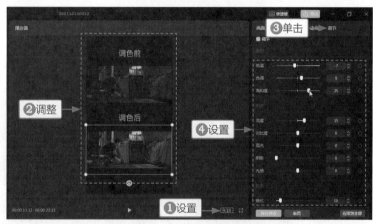

图12-8　设置画面和色彩参数

STEP 06 ❶切换至HSL选项卡；❷选择红色选项◯；❸拖曳滑块，设置"色相"参数为38、"饱和度"参数为49、"亮度"参数为14，提亮画面中红色物体的色彩，如图12-9所示。

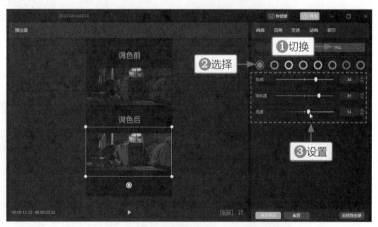

图12-9　设置参数提亮画面中红色物体的色彩

STEP 07 ❶选择橙色选项◯；❷拖曳滑块，设置"色相"参数为18、"饱和度"参数为46、"亮度"参数为20，制作橙红色的色调，如图12-10所示。

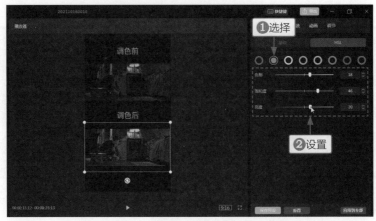

图 12-10 设置参数制作橙红色的色调

STEP 08 ❶选择黄色选项◯；❷拖曳滑块，设置"色相"参数为-14、"饱和度"参数为18、"亮度"参数为18，让画面色彩更加鲜亮，如图12-11所示。

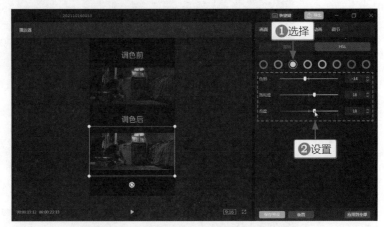

图 12-11 设置参数让画面色彩更加鲜亮

STEP 09 ❶选择绿色选项◯；❷拖曳滑块，设置"饱和度"参数为15、"亮度"参数为8，提亮冷色调，如图12-12所示。

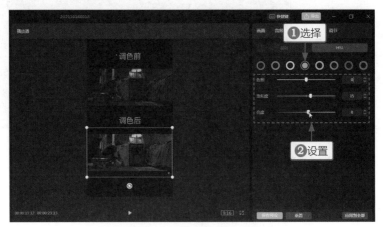

图 12-12 设置参数提亮冷色调

STEP 10 ❶选择蓝色选项 ◉；❷拖曳滑块，设置"色相"参数为18、"饱和度"参数为27、"亮度"参数为29，让蓝色色调更加突出，从而增加电影画面的冷暖对比度，如图12-13所示。上述操作完成后，即为调色成功。

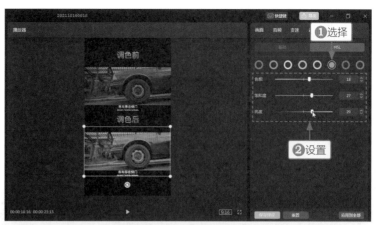

图12-13　设置参数增加画面的冷暖对比度

12.2 《地雷区》电影调色

《地雷区》是一部改编自真实历史事件的电影，故事发生在"二战"后，德国战俘被迫在丹麦西海岸进行排雷行动，这些战俘大部分都是十几岁的年轻男孩，在排雷过程中，很多俘虏失去了四肢甚至死亡，画面十分残酷。在这部引人反思的电影中，色调十分灰暗，整体画面偏青色，衬托出沉重的剧情。本节主要解析电影《地雷区》的色调及其调色方法。

案例效果　　教学视频

12.2.1 调色解说

电影的主题和电影的色调息息相关，在欢快的喜剧电影中，画面中的色调是五颜六色的、高饱和的，甚至各种道具都是彩色的，比如电影《查理的巧克力工厂》；在充满活力的青春电影中，色调清透，画面梦幻，比如电影《海街日记》《恋空》等；在沉重的历史电影中，色调会灰暗，有些是灰暗的褐色或者黄色，又或者是暗青色，就如电影《地雷区》中的色调一般，如图12-14所示。

在电影《地雷区》中，画面色彩主要有浅绿色和青色，为了达到整体偏青色的效果，晴朗的天空都会带着一丝灰暗，整个画面逐渐呈现出低饱和的状态，就如同褪色了一般。由于电影中的

图12-14　电影《地雷区》的青灰色调

人物大多数都是穿着绿色的军装，因此这个统一的青色调在所有场景中都会很和谐，不会出现突兀的画面。

12.2.2 调色方法

【效果说明】：电影摄像设备拍摄出来的画面色调一般都很中和，而在战争历史题材的电影中，由于剧情比较沉重，所以色调通常偏暗，为了得到这种低饱和的青色调，就需要反向调节。青灰色调调色的原图与效果对比，如图12-15所示。

图12-15　青灰色调调色的原图与效果对比

STEP 01 在"本地"选项卡中单击素材右下角的 ⊕ 按钮，添加素材，如图12-16所示。

STEP 02 拖曳同一段素材至画中画轨道，对齐视频轨道中的素材，如图12-17所示。

图12-16　添加视频素材到视频轨道

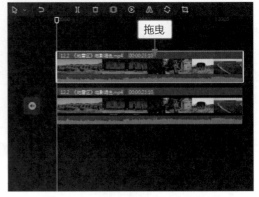

图12-17　拖曳素材至画中画轨道

STEP 03 ❶单击"文本"按钮；❷切换至"花字"选项卡；❸单击所选花字右下角的 ⊕ 按钮，添加两段文字，如图12-18所示。

STEP 04 输入文字内容后，调整两段文字的时长，对齐视频素材的时长，如图12-19所示。

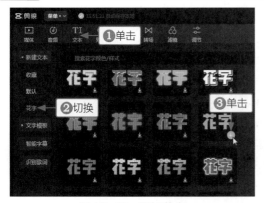

图 12-18　添加花字

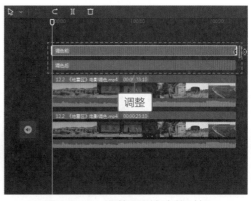

图 12-19　调整两段文字的时长

STEP 05 选择视频轨道中的素材，❶设置画面比例为9:16；❷调整画面和文字的位置；❸单击"调节"按钮；❹在"调节"面板中拖曳滑块，设置"色调"参数为−10、"饱和度"参数为−15、"亮度"参数为−10、"对比度"参数为−6，降低画面曝光和色彩饱和度，如图12-20所示。

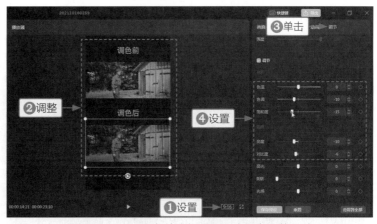

图 12-20　设置参数降低画面曝光和色彩饱和度

STEP 06 ❶切换至HSL选项卡；❷选择黄色选项 ◯；❸拖曳滑块，设置"色相"参数为15、"饱和度"参数为−22、"亮度"参数为−8，使画面偏灰色，如图12-21所示。

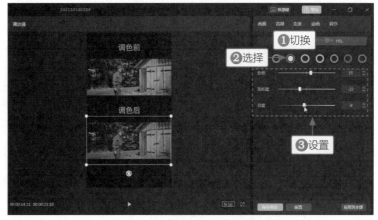

图 12-21　设置参数使画面偏灰色

STEP 07 ❶选择绿色选项 ◯；❷拖曳滑块，设置"色相"参数为−8、"饱和度"参数为−17、"亮度"参数为−14，降低绿色的饱和度，使画面偏青色，如图12-22所示。

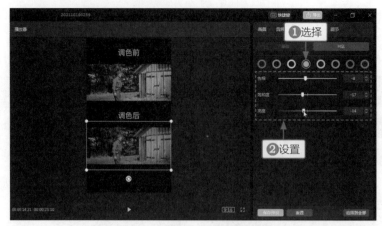

图12-22 设置参数使画面偏青色

STEP 08 ❶选择青色选项◯；❷拖曳滑块，设置"色相"参数为-6、"饱和度"参数为-11、"亮度"参数为-19，降低青色的饱和度，使画面呈现更低的饱和度，如图12-23所示。上述操作完成后，即为调色成功。

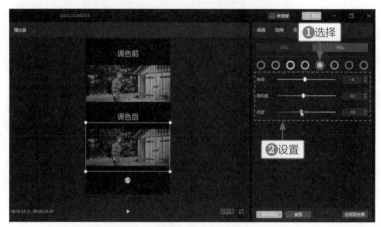

图12-23 设置参数降低青色的饱和度

12.3 《月升王国》电影调色

电影《月升王国》的风格非常有特色，除了对称的画面和奇趣的故事之外，色调也十分梦幻。本节主要解析电影《月升王国》的色调及其调色方法。

案例效果　　教学视频

12.3.1 调色解说

在《月升王国》这部电影中可以发现画面色调从头至尾都是以黄色色调为主，画面非常和谐，使观众犹如身处童话故事中。电影中除了服装是黄色系的，就连各种道具和场景设置都是黄色系的，画面十分特别，如图12-24所示。

图12-24　电影《月升王国》的黄色调

12.3.2 调色方法

【效果说明】：因为电影中特定的场景和服装道具都是黄色系的，因此后期调色只需增加画面的饱和度，则很容易把黄色调调出来。黄色调调色的原图与效果对比，如图12-25所示。

图12-25　黄色调调色的原图与效果对比

图 12-25　黄色调调色的原图与效果对比(续)

STEP 01 在"本地"选项卡中单击素材右下角的 ➕ 按钮，添加素材，如图12-26所示。

STEP 02 拖曳同一段素材至画中画轨道，对齐视频轨道中的素材，如图12-27所示。

图 12-26　添加视频素材到视频轨道

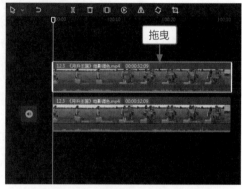

图 12-27　拖曳素材至画中画轨道

STEP 03 ❶单击"文本"按钮；❷切换至"花字"选项卡；❸单击所选花字右下角的 ➕ 按钮，添加两段文字，如图12-28所示。

STEP 04 输入文字内容后，调整两段文字的时长，对齐视频素材的时长，如图12-29所示。

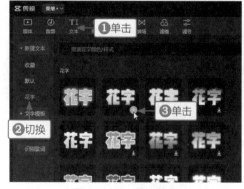

图 12-28　添加花字

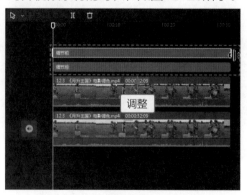

图 12-29　调整两段文字的时长

STEP 05 选择视频轨道中的素材，❶设置画面比例为9:16；❷调整画面和文字的位置；❸单击"调节"按钮；❹在"调节"面板中拖曳滑块，设置"色温"参数为50、"色调"参数为8、"饱和度"参数为7、"亮度"参数为−5、"对比度"参数为3、"高光"参数为−6、"锐化"参数为5，提高画面的色彩饱和度，初步调出黄色调，如图12-30所示。

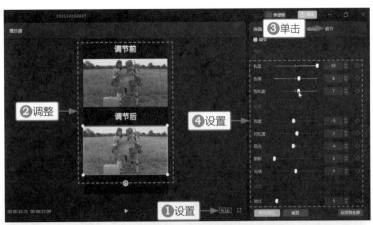

图12-30　设置参数提高画面色彩饱和度

STEP 06 ❶切换至HSL选项卡；❷选择黄色选项◎；❸拖曳滑块，设置"饱和度"参数为17，提亮画面中黄色物体的色彩，如图12-31所示。

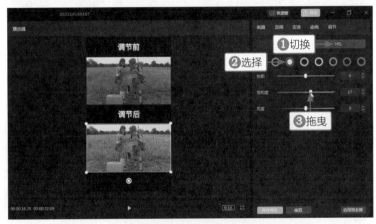

图12-31　设置参数提亮画面中黄色物体的色彩

STEP 07 ❶选择绿色选项◎；❷拖曳滑块，设置"饱和度"参数为6，提亮画面中绿色物体的色彩，让电影色调更加鲜明，如图12-32所示。上述操作完成后，即为调色成功。

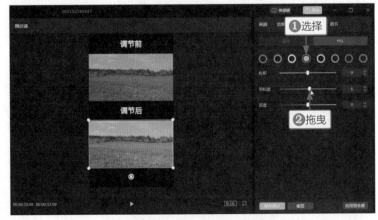

图12-32　设置参数提亮画面中绿色物体的色彩

12.4 《小森林》电影调色

　　《小森林》系列电影包含第一部《小森林 夏秋篇》，第二部《小森林 冬春篇》，两部电影围绕四季来展开故事。电影中不仅有美食，

案例效果　　　教学视频

还有治愈的景色，色调也十分清新。本节主要解析电影《小森林 夏秋篇》的色调及其调色方法。

12.4.1 调色解说

电影《小森林 夏秋篇》可以说是日本清新风格电影的一个代表，满屏的绿色调能让观众感受到生活和生命的美好。电影中最有代表性的是清新的绿色调，深深浅浅的绿不仅是背景，更呈现出主人公的生活情调，如图12-33所示。

图 12-33 电影《小森林 夏秋篇》的清新绿色调

12.4.2 调色方法

【效果说明】：在森林中拍摄时，设备采光可能不够，拍出来的画面场景会比较暗淡，色彩低饱和度。因此，后期调色需要提高绿色调的饱和度，让画面中的绿色铺满屏幕。绿色调调色的原图与效果对比，如图12-34所示。

图 12-34 绿色调调色的原图与效果对比

图12-34 绿色调调色的原图与效果对比(续)

STEP 01 在剪映中，将视频素材导入"本地"选项卡中，单击视频素材右下角的⊕按钮，把素材添加到视频轨道中，如图12-35所示。

STEP 02 拖曳同一段素材至画中画轨道，对齐视频轨道中的素材，用来进行后期调色对比，如图12-36所示。

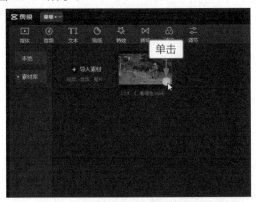

图12-35 添加视频素材到视频轨道

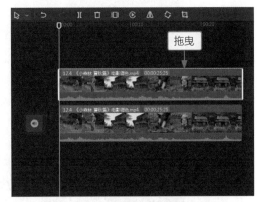

图12-36 拖曳素材至画中画轨道

STEP 03 ①单击"文本"按钮；②切换至"花字"选项卡；③单击所选花字右下角的⊕按钮，添加两段文字，如图12-37所示。

STEP 04 输入文字内容后，调整两段文字的时长，对齐视频素材的时长，如图12-38所示。

STEP 05 选择视频轨道中的素材，①设置画面比例为9:16；②调整画面和文字的位置；③单击"调节"按钮；④在"调节"面板中拖曳滑块，设置"色温"参数为-7、"色调"参数为-5、"饱和度"参数为7、"亮度"参数为6、"对比度"参数为8、"高光"参数为-6、"光感"参数为-4、"锐化"参数为7，调整画面明度和色彩饱和度，如图12-39所示。

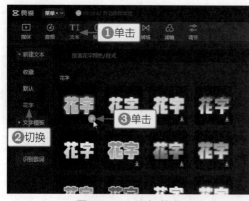
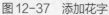

图 12-37 添加花字

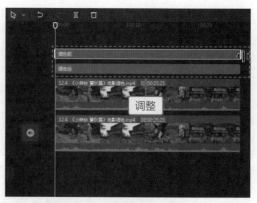

图 12-38 调整两段文字的时长

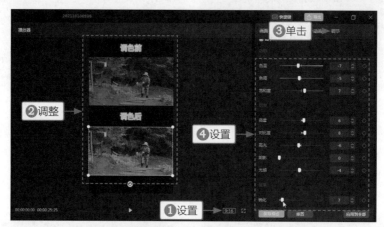

图 12-39 设置参数调整画面明度和色彩饱和度

STEP 06 ❶切换至HSL选项卡；❷选择黄色选项◯；❸拖曳滑块，设置"色相"参数为-6、"饱和度"参数为6，提亮绿色植物的色彩，如图12-40所示。

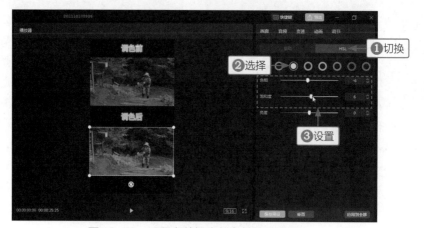

图 12-40 设置参数提亮绿色植物的色彩

STEP 07 ❶选择绿色选项◯；❷拖曳滑块，设置"饱和度"参数为38、"亮度"参数为17，让植物的色彩更加嫩绿，如图12-41所示。

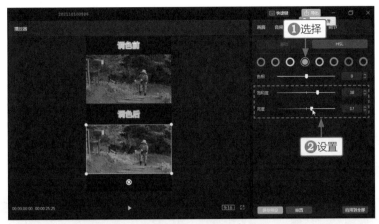

图 12-41　设置参数让植物的色彩更加嫩绿

STEP 08 ❶选择紫色选项 ◯；❷拖曳滑块，设置"色相"参数为14、"饱和度"参数为35，提亮画面中紫色物体的色彩，让电影整体色调更加鲜明，如图12-42所示。上述操作完成后，即为调色成功。

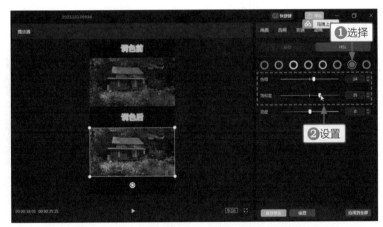

图 12-42　设置参数提亮画面中紫色物体的色彩

12.5 《布达佩斯大饭店》电影调色

　　电影《布达佩斯大饭店》中的场景和人物大部分都呈现出粉色的色调，就像糖果的颜色，犹如一个粉红色的童话王国。在这个粉红色的世界里，展现的一切画面都是美好的。本节主要解析电影《布达佩斯大饭店》的色调及其调色方法。

案例效果　　教学视频

12.5.1 调色解说

　　电影《布达佩斯大饭店》的剧情跌宕起伏，在构图上也非常讲究，大部分都是对称构图，也有其他经典构图形式，比如框架构图和中心构图等。这些构图在均衡的画面中给观众多层次、全方位的视觉感受。

这部电影在色彩色调上更是炫彩夺目，粉色色调是其灵魂，这种粉色没有攻击性，而是温柔的、优雅的，能让观众在观影中体验到温暖又治愈的感觉，如图12-43所示。电影中也有部分冷色调，以此来对比衬托出粉色调的鲜活。

图12-43 电影《布达佩斯大饭店》的粉色调

12.5.2 调色方法

【效果说明】：在这部电影的布景中，需要设置大量粉色的场景。就大面积的室外和室内空场景而言，提前设置白色的场景，可以方便调出粉色色调。在后期调色中，背景场景由白色调成粉色，而原来就是粉色的场景会更加粉。粉色调调色的原图与效果对比，如图12-44所示。

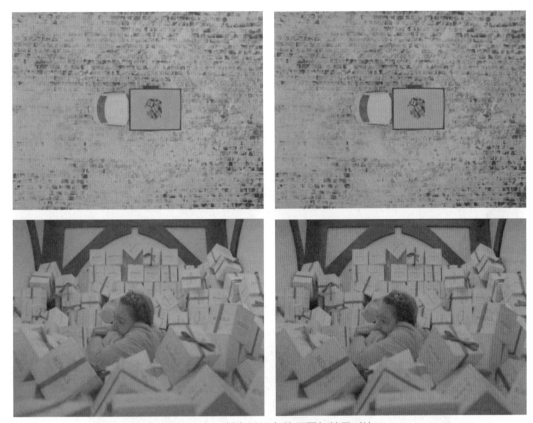

图 12-44　粉色调调色的原图与效果对比

STEP 01 在"本地"选项卡中单击素材右下角的⊕按钮，添加素材，如图12-45所示。

STEP 02 拖曳同一段素材至画中画轨道，对齐视频轨道中的素材，如图12-46所示。

图 12-45　添加视频素材到视频轨道

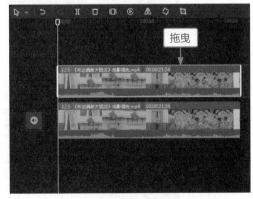

图 12-46　拖曳素材至画中画轨道

STEP 03 ❶单击"文本"按钮；❷切换至"花字"选项卡；❸单击所选花字右下角的⊕按钮，添加两段文字，如图12-47所示。

STEP 04 输入文字内容后，调整两段文字的时长，对齐视频素材的时长，如图12-48所示。

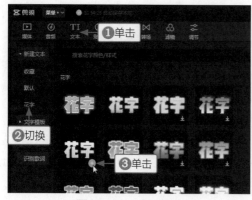

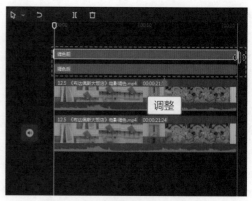

图12-47　添加花字

图12-48　调整两段文字的时长

STEP 05 选择视频轨道中的素材，❶设置画面比例为9:16；❷调整画面和文字的位置；❸单击"调节"按钮；❹在"调节"面板中拖曳滑块，设置"色温"参数为16、"色调"参数为20、"饱和度"参数为40、"亮度"参数为-12、"对比度"参数为8，调整画面明度和色彩饱和度，如图12-49所示。

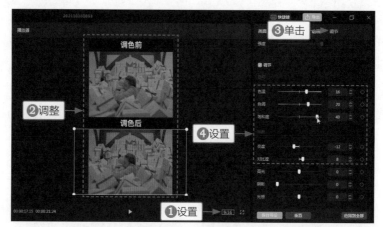

图12-49　设置参数调整画面明度和色彩饱和度

STEP 06 ❶切换至HSL选项卡；❷选择红色选项◉；❸拖曳滑块，设置"色相"参数为-39、"饱和度"参数为28，让画面色调偏红色，如图12-50所示。

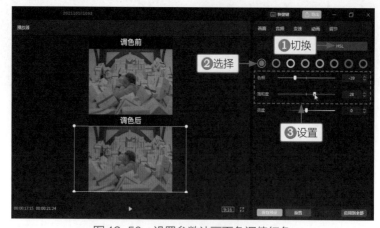

图12-50　设置参数让画面色调偏红色

STEP 07 ❶选择橙色选项◎；❷拖曳滑块，设置"饱和度"参数为-12，让画面色调偏橙色，如图12-51所示。

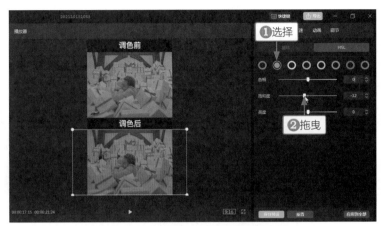

图 12-51　设置参数让画面色调偏橙色

STEP 08 ❶选择黄色选项◎；❷拖曳滑块，设置"饱和度"参数为21、"亮度"参数为26，让画面色调的粉红色更加通透，如图12-52所示。上述操作完成后，即为调色成功。

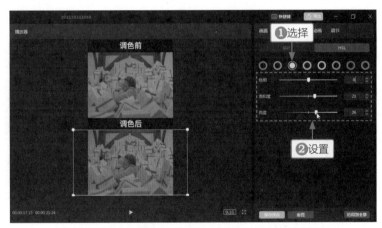

图 12-52　设置参数让画面色调的粉红色更加通透